21世纪高等院校财经类专业计算机规划教材

Visual Basic 与SQL Server 2005 数据库应用系统开发

——大学实用案例驱动教程

徐 军 杨丽君 主 编

李翠梅 于海英 副主编

清华大学出版社

北 京

内 容 简 介

本书以 Visual Basic 6.0 为程序设计基础，与 SQL Server 2005 数据库相结合，深入浅出地介绍了相关知识和应用。力求在掌握 Visual Basic 6.0 程序设计基础的同时，培养学生开发数据库应用系统的能力，真正把程序设计应用到经济领域，更好地为数据管理服务。

全书通过大量的教学案例，把理论知识通过案例来理解，针对性强。本书的新颖之处在于从书的一开始便提出任务，明确教学目标，采用以任务驱动教学、以案例贯穿教学过程的教学方法，充分尊重和符合学生的认知规律。全书内容选取精细、知识结构新颖且合理。

本书适合于各高等院校计算机公共基础课教学使用，也可作为相关读者的参考书。

图书在版编目(CIP)数据

Visual Basic 与 SQL Server 2005 数据库应用系统开发：大学实用案例驱动教程/徐军，杨丽君主编.--北京：清华大学出版社，2015(2018.1 重印)

21 世纪高等院校财经类专业计算机规划教材

ISBN 978-7-302-38811-1

Ⅰ. ①V… Ⅱ. ①徐… ②杨… Ⅲ. ①BASIC 语言－程序设计－高等学校－教材 ②关系数据库系统－高等学校－教材 Ⅳ. ①TP312 ②TP311.138

中国版本图书馆 CIP 数据核字(2014)第 301082 号

责任编辑：闫红梅　薛　阳
封面设计：傅瑞学
责任校对：李建庄
责任印制：宋　林

出版发行：清华大学出版社
网　　　址：http://www.tup.com.cn，http://www.wqbook.com
地　　　址：北京清华大学学研大厦 A 座　　　邮　　编：100084
社 总 机：010-62770175　　　　　　　　　邮　　购：010-62786544
投稿与读者服务：010-62776969，c-service@tup.tsinghua.edu.cn
质 量 反 馈：010-62772015，zhiliang@tup.tsinghua.edu.cn
课 件 下 载：http://www.tup.com.cn，010-62795954
印 装 者：清华大学印刷厂
经　　销：全国新华书店
开　　本：185mm×260mm　　　印　张：19.75　　　字　数：490 千字
版　　次：2015 年 2 月第 1 版　　　　　　　　印　次：2018 年 1 月第 5 次印刷
印　　数：9501～13000
定　　价：34.50 元

产品编号：059649-01

本教材是"21 世纪高等院校财经类专业计算机规划教材"之一,结合当前财经类专业计算机基础教学"面向应用,加强基础,普及技术,注重融合,因材施教"的教育理念,将计算机基础教学与财经类专业设置相结合,旨在培养学生应用计算机技术解决经济、管理、金融等专业领域问题的能力。本系列教材结合财经类专业特点来组织和设计教学内容,秉着以教学案例为重点,学生实践为主体,教师讲授为主导的教学理念,也是为了适应财经类院校进行面向现代信息技术应用的计算机教育改革需求而编写的。

1. 本书特色

(1) 一线教学、由浅入深;
(2) 注重基础、案例丰富;
(3) 程序简明、设计独特;
(4) 强调技巧、开发简捷;
(5) 接近实际、实用性强;
(6) 一书在手、开发无忧。

2. 本书内容

全书共分为 13 章,第 1~7 章讲解 Visual Basic 6.0;第 8~11 章讲解 SQL Server 2005;第 12 章讲解 Visual Basic 访问 SQL Server 数据库;第 13 章讲解利用 Visual Basic 和 SQL Server 数据库进行系统开发。本书在教学内容的取舍和设计上做了深入考虑,将理论知识和实践知识相结合,注重提高学生的实践能力。

本书编写分工如下:徐军编写了第 1 章、第 3 章和第 12 章;常桂英编写了第 2 章和第 4 章;李翠梅编写了第 5 章和第 10 章;张凯文编写了第 6 章和第 11 章;于海英编写了第 7 章和第 13 章;杨丽君编写了第 8 章和第 9 章。本书由徐军、杨丽君任主编,负责全书的统稿与审核,李翠梅、于海英任副主编,全书的修改与校对。

为了配合教学和参考,本书提供了配套的电子教案、教学案例、课外实验,读者可到清华大学出版社网站(http://www.tup.com.cn)下载。

由于编者水平有限,书中难免有疏漏与错误之处,衷心希望广大读者批评、指正。

编　者

2014 年 12 月

目 录

CONTENTS

IV

V

Ⅵ

IX

XI

XII

XIII

第1章 Visual Basic 基本概念

本章说明

Visual Basic(VB)是美国微软公司推出的在 Windows 操作平台上广泛使用的一种可视化程序设计语言，使用 Visual Basic 可以方便快捷地开发 Windows 应用程序。本章主要介绍 Visual Basic 的集成开发环境、对象、事件。

本章主要内容

- ➢ Visual Basic 概述。
- ➢ Visual Basic 集成开发环境。
- ➢ Visual Basic 基本操作。
- ➢ Visual Basic 对象与窗体。

📖 本章拟解决的问题

（1）Visual Basic 的历史发展情况如何？

（2）Visual Basic 有哪几个版本？

（3）Visual Basic 的窗口由哪些部分组成？

（4）Visual Basic 的基本操作有哪些？

（5）如何在 Visual Basic 中添加新控件？

（6）如何添加新窗体？

（7）如何设置启动窗体？

（8）鼠标有哪些事件？

（9）键盘有哪些事件？

1.1　Visual Basic 概述

1.1.1　Visual Basic 简介

　　Visual 的意思是"可视化"，是指可以看得见的编程；Basic 是指 Beginners ALL-Purpose Symbolic Instruction Code，意思是初学者通用符号指令码。Visual Basic 在原有 Basic 语言的基础上进一步发展，既继承了 Basic 语言编程的简便性，又具有 Windows 的图形窗口工作环境。

　　Visual Basic 引入了控件的概念，如命令按钮、标签、文本框和复选框等，并且每个控件都有自己的属性，通过属性来控制其外观和行为。这样就无须用大量代码来描述界面元素的外观和位置，只需把控件加到窗体上即可。

1.1.2　Visual Basic 发展历史

　　Visual Basic 是 Microsoft 公司推出的基于 Windows 环境的软件开发工具，其历史版本的发展如表 1-1 所示。

表 1-1　Visual Basic 发展历史

序　号	版　本	发 布 时 间
1	Visual Basic 1.0 Windows 版本	1991 年 4 月
2	Visual Basic 1.0 DOS 版本	1992 年 9 月
3	Visual Basic 2.0 版	1992 年 11 月
4	Visual Basic 3.0 版	1993 年 6 月
5	Visual Basic 4.0 版	1995 年 8 月
6	Visual Basic 5.0 版	1997 年 2 月
7	Visual Basic 6.0 版	1998 年 10 月
8	Visual Basic .NET 2002 (7.0)	2002 年 2 月
9	Visual Basic .NET 2003 (7.1)	2003 年 4 月
10	Visual Basic 2005 (8.0)	2005 年 11 月
11	Visual Basic 2008 (9.0)	2007 年 11 月
12	Visual Studio 2010 (10.0)	2010 年 4 月
13	Visual Studio 2012 (11.0)	2012 年 5 月

Visual Basic基本概念

本书内容的讲解以 Visual Basic 6.0 中文企业版为准,系统全面地介绍 Visual Basic 6.0 版的数据类型、常用标准函数、语句、函数和过程、文件、标准控件以及数据库应用开发等内容。

1.1.3　Visual Basic 版本

Visual Basic 有三种不同的发行版本,具体内容如表 1-2 所示。

表 1-2　Visual Basic 版本

序号	版 本	基 本 功 能
1	Visual Basic 学习版 (Learning Edition)	包括所有的内部控件,以及网络、选项卡和数据绑定控件
2	Visual Basic 专业版 (Professional Edition)	包括学习版的全部功能,以及附加的 Active X 控件、IIS 应用程序设计器、集成的可视化数据工具和数据环境、动态 HTML 页设计器等
3	Visual Basic 企业版 (Enterprise Edition)	包括专业版的全部功能,并带有 Back Office 工具,如 SQL Server,Microsoft Transaction Server,Internet Information Server 和 Visual SourceSaft 等,使用企业版能够开发出功能强大的应用程序

1.2　Visual Basic 集成开发环境

1.2.1　Visual Basic 启动

通过 Windows 开始菜单启动 Visual Basic 程序后,会出现"新建工程"窗口,如图 1-1 所示。在该对话框中可以选择启动时创建的项目,如标准 EXE、ActiveX EXE、ActiveX DLL 等,本书以"标准 EXE"作为主要讲解的内容。

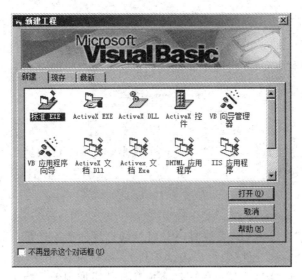

图 1-1　"新建工程"对话框

1.2.2　Visual Basic 系统窗口的组成

Visual Basic 系统窗口的组成如图 1-2 所示。

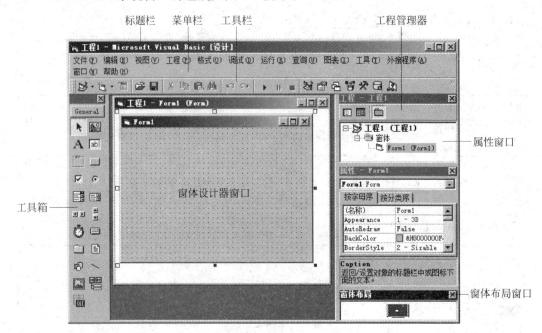

图 1-2　Visual Basic 的集成开发环境

1．标题栏

标题栏主要显示当前工程名称以及最小化、最大化(或还原)、关闭等按钮。

2．菜单栏

菜单栏中显示"文件"、"编辑"、"视图"等多个菜单,每个菜单又包含大量的菜单命令,辅助用户进行应用程序的开发、编译和调试。单击菜单栏中的菜单名即可打开下拉菜单,进行菜单命令的选择。

3．工具栏

在菜单栏下面是工具栏,工具栏上提供了许多常用命令的快速访问按钮,单击某个按钮即可完成对应的操作。

4．工具箱

在新建或打开"标准 EXE"工程时,VB 将自动打开标准工具箱,在标准工具箱中提供了一个指针和 20 个标准控件(也称为内部控件)。除标准控件外,Visual Basic 还提供了大量的 ActiveX 控件,这些控件可以通过添加新部件添加到工具箱中。

5．工程资源管理器窗口

工程资源管理器窗口以树状层次结构方式列出了当前工程（或工程组）中的所有文件，并对工程进行管理。

6．属性窗口

在程序设计阶段，可通过属性窗口修改各对象属性的初始值，调整对象的外观和相关数据。

7．窗体布局窗口

窗体布局窗口用来设置应用程序中各窗体的位置。

8．窗体设计器窗口

窗体设计器窗口主要用来设计应用程序的用户界面，如设计窗体的外观，在窗体上添加控件、图形，移动控件，改变控件大小等。一个应用程序可以拥有多个窗体，每个窗体必须有一个唯一的标识名称，Visual Basic 在默认情况下分别以 Form1，Form2，……命名窗体。

1.3　Visual Basic 基本操作

1.3.1　工具栏基本操作

1．工具栏的显示与隐藏

如图 1-3 所示，将鼠标停在菜单栏上右击，在弹出的快捷菜单中可以选择显示或隐藏的工具。工具栏中主要包括编辑、标准、窗体编辑器、调试等工具。

图 1-3　工具栏的显示与隐藏

工具栏的显示与隐藏还可以通过"自定义"来实现,如图1-3所示,选择"自定义"菜单就会打开"自定义"选项卡,如图1-4所示。

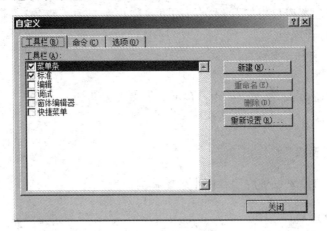

图1-4 "工具栏"选项卡

2.工具栏的移动

工具栏的移动可以通过鼠标拖动来实现。

3.显示工具的快捷键

在"自定义"对话框中的"选项"选项卡中勾选"在屏幕提示中显示快捷键",如图1-5所示。在Visual Basic中将鼠标指向某个工具按钮时,就会自动显示出该按钮的名称及快捷键。

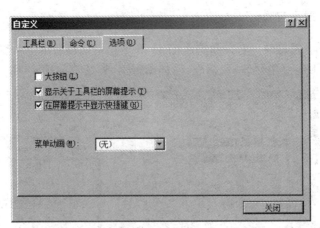

图1-5 "选项"选项卡

4.工具按钮与菜单间的转化

在"自定义"对话框中,选择"命令"选项卡,如图1-6所示。通过鼠标拖动可以在工具按钮和菜单间实现转换。

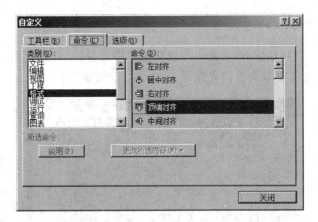

图 1-6 "命令"选项卡

1.3.2 工具箱基本操作

1. 选项卡的增加

（1）如图 1-7 所示，在工具箱的空白处右击，在弹出的快捷菜单中选择"添加选项卡"命令，打开"新选项卡名称"对话框，如图 1-8 所示。

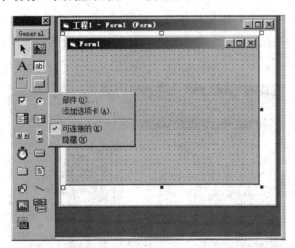

图 1-7 工具箱快捷菜单

（2）在弹出的"新选项卡名称"对话框中输入选项卡的名称，如"数据库"，然后单击"确定"按钮。

图 1-8 "新选项卡名称"对话框

2. 选项卡重命名、删除

在新添加的选项卡上右击,在弹出的快捷菜单中选择"重命名选项卡"命令或"删除选项卡"命令可以实现选项卡的重命名或删除,如图1-9所示。

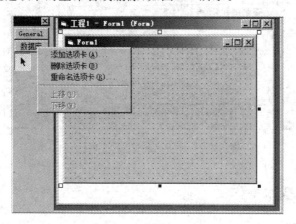

图1-9　选项卡的重命名与删除

3. ActiveX 控件的增减

在 Visual Basic 中除了标准控件还可以添加 ActiveX 控件,具体操作步骤如下。

(1) 在工具箱的空白处右击,在弹出的如图1-7所示的快捷菜单中选择"部件"命令,弹出如图1-10所示的对话框。

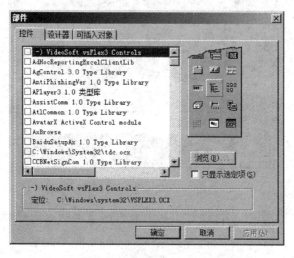

图1-10　"部件"对话框

(2) 在打开的"部件"对话框中,将需要的部件勾选上,然后单击"确定"按钮后退出,所选中的控件即可添加到工具箱中。

(3) 要删除工具箱中的 ActiveX 控件,只要按照上述方法去掉选中标记即可,标准的内部控件无法从工具箱中删除。

1.3.3 窗体设计窗口

1．代码窗口

在窗体上双击即可以进入窗体事件代码窗口，如图 1-11 所示。按 Ctrl＋F4 键可关闭代码窗口，也可以通过代码窗口右上角的关闭(×)按钮关闭代码窗口。

2．启动窗体

窗体设计好后，按 F5 键或工具栏上的"启动"按钮 ▶ ，就可以运行窗体，如图 1-12 所示。

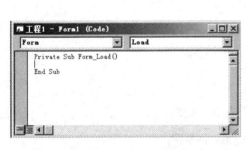

图 1-11　窗体事件代码窗口

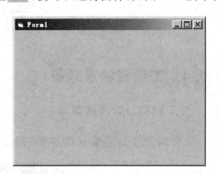

图 1-12　窗体运行窗口

按 Alt＋F4 键可以关闭运行窗口，也可以通过单击运行窗体右上角的关闭按钮或工具栏上的"结束"按钮 ■ 关闭运行的程序。

3．窗体布局窗口

窗体布局窗口可以调整窗体运行时的屏幕位置，使用鼠标拖动窗体布局窗口中的小窗体 Form1 图标，可方便地调整程序运行时窗体的显示位置，如图 1-13 所示。

4．属性窗口

属性窗口的打开可以通过以下方式实现。

图 1-13　窗体布局窗口

（1）在窗体上单击鼠标右键选择"属性窗口"；

（2）选择"视图"菜单中的"属性窗口"命令；

（3）按 F4 键。

属性窗口由以下 4 部分构成，如图 1-14 所示。

（1）对象列表框；

（2）属性排列方式；

（3）属性列表；

（4）属性解释区。

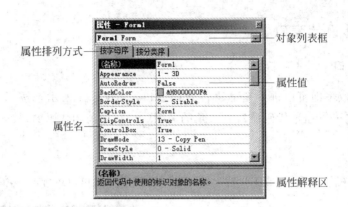

图 1-14　属性窗口

1.3.4　工程资源管理器

1．工程资源管理器窗口

工程资源管理器窗口中主要包括三个工具按钮，如图 1-15 所示。

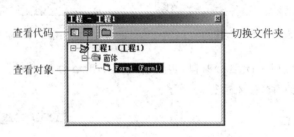

图 1-15　工程资源管理器窗口

（1）查看代码，单击"查看代码"按钮可打开代码窗口。

（2）查看对象，单击"查看对象"按钮可打开窗体设计器窗口。

（3）切换文件夹，单击"切换文件夹"按钮可显示或隐藏包含对象文件夹中的项目列表。

2．设置启动窗体

设置启动窗体可以决定哪些窗口在运行时最先启动。在工程资源管理器窗口右击，在弹出的快捷菜单中单击"工程 1 属性"命令，弹出"工程属性"对话框设置启动窗体。如图 1-16 所示，在"启动对象"中选择相应的窗体作为启动窗体。

3．窗体的添加与移除

在工程资源管理器窗口中单击鼠标右键，在弹出的快捷菜单中选择"添加"→"添加窗体"命令即可添加一个新的窗体，如图 1-17 所示。在需要移除的窗体上单击鼠标右键，在弹出的快捷菜单中选择需要移除的窗体。

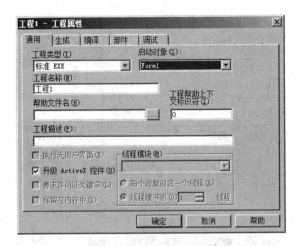

图 1-16 "工程属性"对话框

11

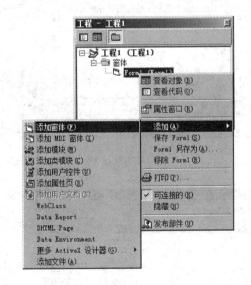

图 1-17 添加或移除窗体

4．工程的保存或另存为

选择"文件"菜单中的"保存工程"命令或"工程另存为"命令，可以进行工程的保存，如图 1-18 所示，在"文件另存为"对话框中，首先进行窗体的保存，窗体文件的扩展名为 frm。当所有窗体文件保存完毕后，系统会弹出"工程另存为"对话框，如图 1-19 所示，提示用户进行工程的保存，工程文件的扩展名为 vbp。

5．生成可执行文件

使用"文件"菜单中的"生成工程 1. exe"命令，可以进行工程生成可执行文件，如图 1-20 所示。

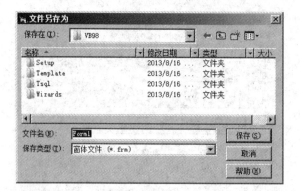

图 1-18 "文件另存为"对话框

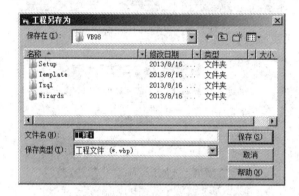

图 1-19 "工程另存为"对话框

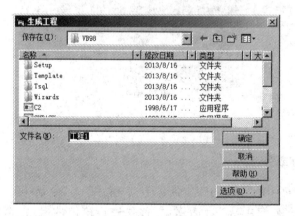

图 1-20 "生成工程"对话框

1.4 Visual Basic 对象与窗体

1.4.1 对象的分类

客观世界的任意实体都称为对象,在 Visual Basic 中对象主要分为以下 3 种:

（1）窗体；

（2）标准控件；

（3）ActiveX 控件。

在 Visual Basic 中，窗体是最基本的对象，是为用户设计应用程序界面而提供的窗口。它是多数 Visual Basic 应用程序设计界面的基础。它相当于一块画布，可以添加标签、命令按钮、文本框、列表框等。

1.4.2　对象的常用操作

在 Visual Basic 中创建对象后，对象的常用操作主要有以下 6 种：

（1）对象的命名；

（2）对象的选定；

（3）对象的复制；

（4）对象的删除；

（5）对象的大小；

（6）对象的移动。

1.4.3　对象的方法

方法是对象的某种操作或行为，具体格式如下：

对象名.方法［参数］

以 Form1 窗体对象为例，窗体的方法如表 1-3 所示。

表 1-3　窗体的方法

序　号	方　　法	含　义
1	Form1. Cls	清除窗体屏幕
2	Form1. Move	移动窗体的位置
3	Form1. Show	窗体的显示
4	Form1. Hide	窗体的隐藏

1.4.4　对象的属性

属性是对象本身所具有的，具体格式如下：

对象名.属性名＝属性值

以窗体对象为例，窗体的基本属性如表 1-4 所示。

表 1-4　窗体的基本属性

序　号	属 性 名 称	含　义
1	名称	设置窗体名称，名称在编写代码时使用
2	Caption	设置窗体的标题栏上的标题

续表

序　号	属性名称	含　义
3	BackColor	设置窗体的背景颜色 (1) 用 QBcolor(N)函数表示的 16 种颜色 (2) 用 RGB(N,N,N)函数表示的 256^3 种颜色 (3) &H
4	Borderstyle	设置窗体的外观,值是 0～5
5	Controlbox	设置窗体是否显示控制菜单
6	Icon	设置控制菜单图标
7	Maxbutton	设置窗口最大化是否有效
8	Minbutton	设置窗口最小化是否有效
9	Height	设置窗体的高度
10	Width	设置窗体的宽度
11	Picture	设置窗体的背景图
12	Top	设置顶边距
13	Left	设置左边距
14	Visible	设置对象是否可见
15	WindowState	设置窗口启动时的状态

1.4.5　对象的事件

1. 鼠标事件

以窗体为例,常用的鼠标事件如下。

(1) MouseDown 事件

在窗体上按下鼠标键时执行程序代码,MouseDown 事件中含有 4 个参数,参数如图 1-21 所示,具体参数及按键值如表 1-5 所示。

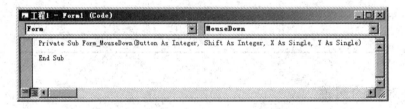

图 1-21　MouseDown 事件代码窗口

表 1-5　鼠标按键值

按键值 参数	Button	Shift	X 与 Y
0		未按 Shift|Ctrl|Alt 三个键	X 代表列像素
1	按下左键	按下 Shift	Y 代表行像素
2	按下右键	按下 Ctrl	
3		同时按下 Shift 和 Ctrl	

参数 按键值	Button	Shift	*X* 与 *Y*
4	按下中键	按下 Alt	
5		同时按下 Shift 和 Alt	
6		同时按下 Ctrl 和 Alt	
7		同时按下三个键	

（2）MouseUp 事件

在窗体上释放鼠标键时执行程序代码，MouseUp 事件中的参数含义同 MouseDown 事件。

（3）MouseMove 事件

在窗体上移动鼠标时执行程序代码，MouseMove 事件中的参数含义同 MouseDown 事件。

（4）Click 事件

在窗体上单击鼠标左键时执行程序代码，该事件无参数。

（5）DblClick 事件

在窗体上双击鼠标左键时执行程序代码，该事件无参数。

2．键盘事件

（1）KeyPress 事件

敲击键盘上的按键时执行代码程序，通过 KeyAscii 返回按键的 ASCII 值。

（2）KeyDown 事件

按下键盘上的按键时执行代码程序，通过 KeyCode 返回按键的 ASCII 值。

（3）KeyUp 事件

释放键盘上按键时执行代码程序，与 KeyDown 事件相对应。

3．其他事件

（1）Load 事件

进入窗体时执行代码程序。

（2）Unload 事件

关闭窗体时执行代码程序。

1.5 本章教学案例

1.5.1 窗体的显示与隐藏

📖案例描述

在 Form2 上添加两个命令按钮，标题分别为"显示"、"隐藏"，编写代码使得程序运行

时,单击"显示"则 Form1 显示,单击"隐藏"则 Form1 隐藏,最后将 Form2 窗体保存为
VB01-01A. frm、Form1 窗体保存为 VB01-01B. frm,工程文件名为 VB01-01. vbp。

🖳 最终效果

本案例的最终效果如图 1-22 和图 1-23 所示。

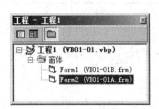

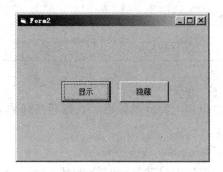

图 1-22　工程资源管理器窗口　　　　　图 1-23　窗体效果

✎ 案例实现

(1) 在工程资源管理器窗口空白处单击鼠标右键,选择"添加"→"添加窗体"命令。

(2) 在工程资源管理器窗口"工程 1"文字上单击鼠标右键,选择"工程 1 属性"→"启
动对象 Form2"→"确定"命令。

(3) 在 Form2 上添加两个命令按钮,属性窗口中设置 Caption 属性分别为"显示"、
"隐藏"。

(4) 双击"显示"命令按钮打开代码窗口,在 Command1_Click()中编写如下代码:

```
Private Sub Command1_Click()
'Form1. Show
Form1. Visible = True
End Sub
```

(5) 双击"隐藏"命令按钮打开代码窗口,在 Command2_Click()中编写如下代码:

```
Private Sub Command2_Click()
'Form1. Hide
Form1. Visible = False
End Sub
```

☜ 知识要点分析

(1) 窗体的显示和隐藏可以通过 Show 和 Hide 方法来实现。

(2) 窗体的显示和隐藏也可以通过 Visible 属性来实现。

(3) Visible 可以实现任意对象的显示和隐藏。

1.5.2　测试鼠标的按键值

📖 案例描述

在名称为 Form1 的窗体上画一个文本框,初始内容为空,编写适当的程序代码,使得
程序运行时,在窗体上按下鼠标键时在文本框中显示相应的按键值。

16

Visual Basic基本概念

🖥️最终效果

本案例的最终效果如图 1-24 所示。

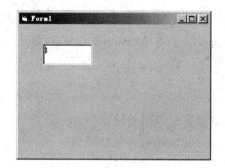

图 1-24　鼠标按键值的测试

✍案例实现

（1）在窗体上画一个文本框，将 Text 属性清空。

（2）双击窗体打开代码窗口，在 Form_MouseDown 事件中编写如下代码：

```
Private Sub Form_MouseDown(Button As Integer, Shift As Integer, X As Single, Y As Single)
'Text1. Text = Button
Text1. Text = Shift
End Sub
```

☜知识要点分析

（1）Button 决定鼠标左键、右键和中键按下时的返回值。

（2）Shift 决定与 Alt、Ctrl、Shift 键组合与鼠标共同作用的返回值。

（3）X 和 Y 决定鼠标在窗体的位置坐标。

1.5.3　测试键盘的按键值

📖案例描述

在名称为 Form1 的窗体上画一个标签，标签有边框，编写适当的程序代码，使得程序运行时，在键盘上按下键盘键时在标签中显示相应的按键值。

🖥️最终效果

本案例的最终效果如图 1-25 所示。

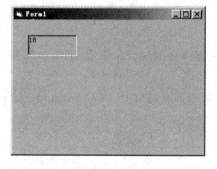

图 1-25　键盘按键值的测试

✍ **案例实现**

（1）在窗体上画一个标签，在属性窗口中将标签的 borderstyle 属性值设为 1。

（2）双击窗体打开代码窗口，在 Form_ KeyDown 事件中编写如下代码：

```
Private Sub Form_KeyDown(KeyCode As Integer, Shift As Integer)
Label1.Caption = KeyCode
End Sub
```

☞ **知识要点分析**

（1）KeyCode 是按下键盘键时返回的键盘的 ASCII 码值。

（2）Shift 返回 Alt、Ctrl、Shift 键的 ASCII 码值。

1.5.4　窗体背景颜色

📖 **案例描述**

在窗体上添加三个命令按钮，标题分别为"蓝"、"绿"、"红"，编写代码使得程序运行时：

（1）单击"蓝"则通过 QBcolor 函数控制窗体背景色为蓝色；

（2）单击"绿"则通过 RGB 函数控制窗体背景色为绿色；

（3）单击"红"则通过十六进制（&H）控制窗体背景色为红色。

最后将窗体保存为 VB01-04.frm，工程文件名为 VB01-04.vbp。

🖥 **最终效果**

本案例的最终效果如图 1-26 所示。

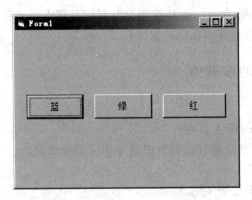

图 1-26　窗体背景颜色

✍ **案例实现**

（1）在窗体上添加三个命令按钮，在属性窗口中设置 Caption 属性分别为"蓝"、"绿"、"红"。

（2）双击"蓝"命令按钮打开代码窗口，在 Command1_Click() 中编写如下代码：

```
Private Sub Command1_Click()
Form1.BackColor = QBColor(1)
End Sub
```

（3）双击"绿"命令按钮打开代码窗口，在 Command2_Click() 中编写如下代码：

```
Private Sub Command2_Click()
Form1.BackColor = RGB(0, 255, 0)
End Sub
```

（4）双击"红"命令按钮打开代码窗口，在 Command3_Click() 中编写如下代码：

```
Private Sub Command3_Click()
Form1.BackColor = &HFF
End Sub
```

知识要点分析

（1）用 QBcolor(N)函数表示的 16 种颜色，N 的取值为 $0\sim15$。

（2）用 RGB(N,N,N)函数表示的 256^3 种颜色，N 的取值为 $0\sim255$。

（3）用十六进制表示颜色，必须以 &H 开头。

1.6 本章课外实验

1.6.1 Visual Basic 6.0 的安装与启动

通过网络或安装光盘安装 Visual Basic 6.0 到自己的计算机，并了解安装的过程，并把安装的过程复制到 Word 文档中，并保存文件名为 KSVB01-01。

1.6.2 启动窗体的设置

在 Visual Basic 中添加两个窗体 Form1 和 Form2，设置 Form2 为启动窗体，保存工程为 KSVB01-02，窗体文件名分别为 Form1 和 Form2，最终效果如图 1-27 所示。

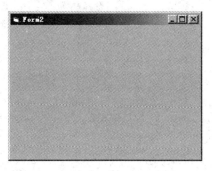

图 1-27 Form2 启动窗体

1.6.3 测试鼠标与组合键的按键值

通过与 Ctrl、Shift、Alt 键相结合测试鼠标的按键值，保存窗体和工程为 KSVB01-03，最终效果如图 1-28 所示。

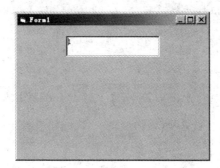

图 1-28   鼠标与组合键的测试

1.6.4   测试键盘 KeyPress 按键值

通过键盘的 KeyPress 事件,测试键盘的按键值,并比较 KeyAscii 与 KeyCode 参数的区别,保存窗体和工程为 KSVB01-04,最终效果如图 1-29 所示。

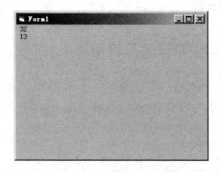

图 1-29   KeyAscii 按键返回值

第 2 章　Visual Basic 程序设计基础

本章说明

在 Visual Basic 应用程序中,程序代码是由不同元素构成的,包括数据类型、常量、变量、运算符与表达式、函数等。本章重点讲解数据类型、常量、变量、运算符与表达式。

本章主要内容

➢ Visual Basic 数据类型。
➢ Visual Basic 常量。
➢ Visual Basic 变量。
➢ 运算符与表达式。

📖 **本章拟解决的问题**

（1）Visual Basic 的数据类型有哪些？

（2）字节型数据、整型数据的取值范围是什么样的？

（3）哪些数据可以用类型符表示？

（4）数值型数据包括哪些？

（5）字符型数据和日期型数据的定界符是什么？

（6）逻辑值包括什么？

（7）Visual Basic 的常量有哪些？

（8）Visual Basic 的变量如何命名？

（9）如何理解变量的作用域？

（10）Visual Basic 的运算符有哪些？

2.1 Visual Basic 数据类型

数据是程序处理的对象，不同类型的数据有不同的处理方法。数据类型用于确定一个变量所具有的值在计算机内的存储方式以及对变量可以进行的操作。数据可以依照类型进行分类，Visual Basic 数据类型可分为基本数据类型和用户自定义类型两大类。基本数据类型是由 Visual Basic 直接提供的，用户自定义类型是在基本数据类型不能满足需要时，用户自己定义的数据类型，是由基本数据类型组成的。

Visual Basic 6.0 提供的数据类型如表 2-1 所示。

表 2-1 数据类型

分　　类	数据及类型	类型符	存储空间 （字节）	取 值 范 围
数值型	Byte （字节型）		1	0～255
	Integer （整型）	%	2	−32 768～32 767
	Long （长整型）	&	4	−2 147 483 648～2 147 483 647
	Single （单精度浮点型）	!	4	负数：−3.402 823E38～−1.401 298E−45 正数：1.401 298E−45～3.402 823E38
	Double （双精度浮点型）	#	8	负数：−1.797 693 134 862 32E308～ −4.940 656 458 412 47E−324 正数：4.940 656 458 412 47E−324～ 1.797 693 134 862 32E308
	Currency （货币型）	@	8	−922 337 203 685 477.5808～ 922 337 203 685 477.5807
日期型	Date （日期型）		8	100 年 1 月 1 日～9999 年 12 月 31 日

续表

分　类	数据及类型	类型符	存储空间（字节）	取 值 范 围
字符型	String（变长字符型）	$	10字节加字符串长度	$0\sim2^{31}$（大约21亿）
	String（定长字符型）	$	字符串长度	$0\sim2^{16}$（大约65 535）
逻辑型	Boolean（布尔型）		2	True 或 False
变体型	Variant（数值变体类型）		16	任何数字值，最大可达 Double 的范围
	Variant（字符变体类型）		22字节加字符串长度	与变长 String 有相同的范围
对象型	Object（对象型）		4	用于表示图形或 OLE 对象
自定义类型	Type End type（用户自定义）		所有元素所需数目	每个元素的范围与它本身的数据类型的范围相同

23

说明：

（1）Visual Basic 提供的基本数据类型主要有 13 种，归为 6 大类，自定义类型是这 6 大类的综合使用。

（2）数值型包括字节型、整型、长整型、单精度浮点型、双精度浮点型、货币型。

（3）日期型用于存储日期和时间，在给出具体日期时需用"#"定义。

（4）字符型分为变长字符型和定长字符型，在给出具体字符串时需用双引号定义。

（5）逻辑型也叫布尔型，只有 True 和 False 两个值。

（6）变体型分为数值变体类型和字符变体类型。

（7）对象型用于表示图形或 OLE 对象。

2.1.1　数值型

数值型数据包括字节型、整型和实型三类。

1. 字节型数据

字节型(Byte)用来存储二进制数据，用 1 个字节存储，不能表示负数，0～255 的整数可以用 Byte 型表示。定义格式为：

Dim a As Byte

说明：定义 a 为字节型。

2. 整型数据

整型是指不带小数和指数符号的数，根据其取值范围的不同，整型数又可分为整型

(Integer)和长整型(Long)。定义格式为：

Dim a As Integer, b As Long

说明：定义 a 为整型,b 为长整型。

3．实型数据

实型用来存放小数数据,实型数按其取值范围和精确度的不同又分为单精度实型(Single)、双精度实型(Double)和货币型(Currency)。定义格式为：

Dim a As Single, b As Double, c As Currency

说明：定义 a 为单精度,b 为双精度,c 为货币型。

2.1.2　日期型

日期型(Date)用于存储日期和时间。定义格式为：

Dim a As Date

说明：定义 a 为日期型。

2.1.3　字符型

字符型(String)用来存放字符串,字符型可分为定长字符型和可变长度字符型两种,变长字符型长度不固定,它的长度随着所赋值的变化可增可减。定义格式为：

Dim a As String, Dim b As String * 5

说明：定义 a 为变长字符型,定义 b 为定长字符型。

2.1.4　逻辑型

逻辑型(Boolean)也叫布尔型,只能存储 True 或 False,适合数据只有两种状态的情况。当把逻辑型数据转换成数值型时,True 变成－1,False 变成 0。反之当把数值型数据转换成逻辑型数据时,0 会转换成 False,其他非 0 的数据则转换成 True。定义格式为：

Dim a As Boolean

说明：定义 a 为布尔型。

2.1.5　变体型

变体型(Variant)可以存储系统定义的所有数据类型,它是一种可变的数据类型,占用的内存比其他类型多,因此一般不建议使用变体型,而对于用户事先无法预料结果的类型,可以考虑使用变体型。当定义变量时没有说明数据类型,则默认设为变体型。定义格式为：

Dim a As Variant

说明：定义 a 为变体类型。

2.1.6 对象型

对象型(Object)存储任何类型的对象,可以引用应用程序中的对象或者其他应用程序中的对象。定义格式为:

Dim a As Object

说明:定义 a 为对象型。

2.1.7 自定义类型

用户自定义类型的格式为:

Type 自定义数据类型名
    变量 1 As 数据类型
    变量 2 As 数据类型
    ⋮
End Type

使用:Dim a as 自定义数据类型名。

说明:定义 a 为自定义类型数据。

2.2 Visual Basic 常量

常量是指在程序运行过程中值始终保持不变的量,主要包括整型常量、浮点型常量、字符串常量、日期时间常量、逻辑常量和符号常量等。

2.2.1 整型常量

一个整型常量可以用三种不同的形式表示,如表 2-2 所示。

表 2-2　整型常量表示方法

形　　式	表　　示	十进制结果
十进制整数	1999	1999
八进制整数	&O3717&	1999
十六进制整数	&H7cf&	1999

说明:

(1) 十进制数是由 0~9 组成的整数。

(2) 八进制以 &O 开头、& 结束,中间是一个八进制的整数。

(3) 十六进制以 &H 开头、& 结束,中间是一个十六进制的整数。

2.2.2 浮点型常量

浮点型常量也称实型常量,表示方法有两种,如表 2-3 所示。

表 2-3　浮点型常量

形　式	举　例
小数形式	0.123,.123,123. ,0.0
指数形式	123E3, 0.123E3 ,123E-3

说明：

（1）以小数形式表示时，0.123 也可表示为 .123；整型常量123 若要转化为浮点型常量表示为 123.；同样，整型常量 0 转化成浮点型常量表示为 0.0。

（2）以指数形式表示时，用字母 e 表示其后的数是以 10 为底的幂，如 e3 表示 10^3，而 123e3 表示 123×10^3。

（3）表示指数形式，用 E 表示单精度，用 D 表示双精度。

2.2.3　字符串常量

字符串常量是用双引号括起来的字符，例如"abc"表示的就是一个字符串。若双引号中不包含任何字符，也不包含空格，则表示一个空字符串。

2.2.4　日期时间常量

日期时间常量在格式上要求用 ♯ 将日期时间值括起来。例如，2013 年 8 月 28 日 10 点 30 分 12 秒，在使用时若只表示日期，格式为 ♯08/28/2013♯，若表示日期和时间，格式为 ♯2013-08-28 10：30：12 AM♯，若只表示时间，格式为 ♯10：30：12 AM♯，以上都是合法的日期型常量。

2.2.5　逻辑常量

逻辑常量只有 True（真）和 False（假）两个值，在设置属性值的时候，很多属性都是 True 和 False。

2.2.6　符号常量

若程序中用到的某个数据很长很难记忆或者多次用到，则可以定义一个容易书写的符号来代替它，这个符号就叫符号常量。例如如果在程序中多次使用圆周率，可以使用符号常量来代替它，若要将圆周率的精度提高，则只需修改符号常量的值，而不需要一条一条语句地去查找修改，非常方便。

符号常量需要先说明后使用，声明符号常量的语法为：

Const 符号常量名 As 数据类型 ＝ 表达式

符号常量的命名遵循标识符的命名规则，若省略[As 数据类型]，符号常量的类型由表达式的数据类型决定。表达式可以由数值、字符、运算符等组成，也可以使用之前已经定义过的符号常量。例如：

```
Const PI＝3.1415926
```

26

Const PI As Single＝3.1415926

符号常量形式上和变量相似,但本质上仍然是常量,因此只能引用不能被赋值。

2.3 Visual Basic 变量

变量是指在程序运行过程中值可以改变的量,变量的命名具有唯一性,变量与常量在内存中均占据一定的存储空间。

2.3.1 变量命名规则

变量命名时必须遵循以下规则。
(1) 变量必须以字母开头,当中可含有数字和下划线。
(2) 变量名最多是 255 个字符。
(3) 变量名不区分字母的大小写。
变量名中不允许使用下列字符。
(1) 变量名中不能使用运算符、标点符号和空格。
(2) 变量名不能使用 Visual Basic 中的关键字(也称保留字,如 Dim)。
(3) 除了最后一个字符外不能包含类型说明符。
(4) 撇号(')或 Rem 为程序的注释的引导,不能使用。

2.3.2 变量类型声明

变量类型声明就是定义变量的名称和变量的数据类型。

1. 用类型符进行定义

定义变量时,在变量后加类型符％、&、!、#、@、$ 等。格式为:

Dim 变量名 类型符

如 Dim x％,y&,z! 等价于 Dim x As Integer,y As Long,z As SingLe

2. 用 Dim 或 Static 语句定义

用 Dim 或 Static 定义变量,具体格式如下:

Dim 变量名 1 AS 类型名,变量名 2 AS 类型名…
Static 变量名 1 AS 类型名,变量名 2 AS 类型名…

说明:
(1) 用 Dim 或 Static 声明时,系统会自动按照变量的数据类型给变量赋初值,如果是数值型初值为 0,如果是字符型初值为空串,如果是逻辑型初值为 False。
(2) Dim 也称动态变量定义,变量使用前都要恢复到初值。
(3) Static 也称静态变量定义,变量使用时保留上一次变量的值。
(4) 字符型变量有定长和变长之分,在声明定长字符型变量时,用"String * 长度"来表示。

(5) 同时声明多个变量,各变量名以逗号进行分隔。

变量声明及各项含义如表2-4所示。

表 2-4　变量声明及各项含义

变 量 声 明	含 　 义
Dim a As Integer,b As Single	定义 a 为整型变量,b 为单精度型变量
Dim a,b	定义 a 和 b 为变体变量
Dim s As String * 12	定义 s 为 12 位(定长)字符变量
Dim c As string	定义 c 为可变长度字符变量
Dim x,y,z As Integer	定义 x,y 为变体型变量,z 为整型变量

2.3.3　变量的赋值

变量声明后,系统会根据数据类型赋予变量一个初值。如果需要重新给变量赋值可以使用如下格式:

变量名 ＝ 表达式

说明:

(1) 表达式可以是单个常量、变量、函数、运算符及括号等组成的表达式,计算表达式的值,并将计算结果赋予赋值号左边的变量。

(2) "＝"右侧表达式中的变量必须是赋过值的,否则变量的初值自动取零(变长字符串变量取空字符)。

(3) 赋值号(＝)不同于数学中的等号,如 $x＝x＋1$ 在数学中不成立,而在 Visual Basic 中,表示将变量 x 的值＋1 再重新赋予变量 x。数学中 $a＝b＋c$ 等价于 $b＋c＝a$,但在 Visual Basic 中,$b＋c＝a$ 是非法的赋值语句。

(4) 在使用赋值语句赋值时,原则上要求赋值运算符两边数据类型相同,而实际应用中,如果表达式的数据类型系统能够自动转换为变量的数据类型,也能成功赋值,这个值是类型转换后该有的值。但不是所有数据类型之间都可以强制转换,一旦赋值运算符两边数据类型不同且不能转换,则会出现类型不匹配的错误。例如:

```
Dim a As Integer, b As Integer, c As String, d As Date
a = 1.5                  '转换 1.5 为整型数 2(四舍五入),再赋值给 a
b = "ABCD"               '出错,类型不符
c = 123                  '转换为字符串"123",再赋值给 c
d = 2.5                  '2.5 转换为日期型数据,整数是日期,小数为时间
```

(5) 数值型变量在赋值的时候如果超出了该类型规定的范围,会提示溢出错误;定长字符型变量赋值时,如果超出了定长,超出的部分截掉显示,不足定长则用空格补足。例如:

```
Dim x As Byte, y As String * 3, z As String * 3
x = 258                  '溢出错误
y = "abcde"              '结果只有"abc"赋值给变量 y
z = "a"                  '将"a"赋值给变量 z,可以用 Len 函数测得字符串的长度为 3
```

2.3.4 变量的作用域

1．局部变量

在某个过程中定义的变量称为局部变量,该变量只能在本过程中使用,而不能在其他的过程中使用。

2．窗体级变量

在窗体的通用部分定义的变量,称为窗体级变量,可以在窗体的任意过程中使用,但不能被其他窗体的过程调用。

3．全局变量

在窗体的通用部分,使用 Public 语句定义的变量为全局变量,可以在本窗体的任意过程中调用,也可以被其他的窗体调用,调用的格式为:

窗体名.变量名

变量的作用域即变量起作用的范围,局部变量、窗体级变量、全局变量的定义如图 2-1 所示。变量 a 为局部变量,该变量只能在 Command1 的 Click 事件过程中使用;变量 b 为窗体级变量,该变量可在本窗体的任意过程中使用,即只要是本窗体上的对象(如 Command1、Command2 等)都可使用该变量;变量 c 为全局变量,该变量不只能在本窗体中使用,还可以在其他窗体中使用,使用的格式为 Form1.c。

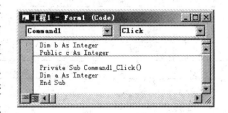

图 2-1 变量的作用域

2.4 运算符与表达式

Visual Basic 提供了丰富的运算符,这些运算符包括算术运算符、关系运算符、字符串连接运算符和逻辑运算符,通过这些运算符连接起来的式子称为表达式。

2.4.1 算术运算符与算术表达式

算术运算符主要是进行算术四则运算的符号,如表 2-5 所示。

表 2-5 算术运算符

序 号	运 算 符	含 义	举 例	结 果
1	＋	加	9＋4	13
2	—	减	9—4	5
3	＾	指数	2＾3	8
4	＊	乘	9＊4	36
5	/	除	9/4	2.25
6	\	整除	9\4	2
7	mod	求余	9 mod 4	1

说明：

（1）＋、－如果作为正负号的时候最优先计算。

（2）\为整除运算符，求前一个操作数除以后一个操作数的整除部分，如果两个操作数有小数的，小数按四舍五入进行处理。

（3）MOD为求余运算符，也称求模运算符，求前一个操作数除以后一个操作数的余数，如果两个操作数有小数的，小数按四舍五入进行处理。

（4）运算符的优先顺序可以通过()来改变。

2.4.2　关系运算符与关系表达式

关系运算符也称比较运算符，关系运算符共有 6 个，如表 2-6 所示，它们都是双目运算符，用来比较两个操作数的大小。当一个关系式成立时则计算结果为逻辑值真（True），否则为逻辑值假（False）。

表 2-6　比较运算符

序　　号	运　算　符	含　　义	举　　例	结　　果
1	＜	小于	9＜4	False
2	＞	大于	9＞4	True
3	＜＝	小于等于	9＜＝4	False
4	＞＝	大于等于	9＞＝4	True
5	＝	等于	9＝4	False
6	＜＞	不等于	9＜＞4	True

说明：

（1）关系运算符的优先级别相同。

（2）关系运算符的优先级低于算术运算符。

2.4.3　字符串连接运算符与字符串表达式

字符串连接运算符只有两个，如表 2-7 所示。

表 2-7　字符串连接运算符

运　算　符	含　　义	举　　例	结　　果
＋	进行字符串连接	"123" ＋ "100"	123100
&	任意数据类型的连接	"123" & 100	123100

说明：

（1）＋要求两边都是字符串，然后把两边的字符串进行连接。如果是数值则进行加法运算，如"123" ＋ 100 得到的是 223。

（2）& 不管两边是字符型还是其他数据类型，首先都要转换成字符串然后进行连接，使用 & 时，& 要和运算数之间加一个空格。

2.4.4 逻辑运算符与逻辑表达式

常用的逻辑运算符有 3 个,如表 2-8 所示,其中 Not 为单目运算符,And 和 Or 为双目运算符,逻辑运算的结果是逻辑值 True 或 False。

表 2-8 逻辑运算符

运 算 符	含 义	举 例	结 果
Not	逻辑非	Not 5>4	False
And	逻辑与	5>3 And 9<12	True
Or	逻辑或	5>3 Or 9<12	True

说明:

(1) 逻辑运算符的优先级顺序为 Not(非)→And(与)→Or(或),即 Not 最优先。

(2) 逻辑运算符中的 And 和 Or 低于关系运算符,Not 高于算术运算符。

(3) 多个 And 运算符,只有前一个为真,才判断下一个。

(4) 多个 Or 运算符,只要有一个为真,就不判断下一个。

2.5 本章教学案例

2.5.1 变量的定义与赋值

📖 案例描述

定义不同数据类型的变量 A、B、C、D、E、F、G、H,并给每个变量赋值,变量定义的类型及赋值要求如表 2-9 所示,程序运行时,单击窗体可在窗体上输出各变量的值,最后将窗体保存为 VB02-01.frm,工程文件名为 VB02-01.vbp。

表 2-9 变量定义与赋值

变 量 名 称	定义的数据类型	变 量 赋 值
A	Integer	A = 1234
B	Integer	B = 1.6
C	Double	C = 1.6
D	Date	D = #9/10/3013#
E	String	E = "ABCDEF"
F	String * 3	F = "ABCDEF"
G	Boolean	G = True
H	Variant	H = "内蒙古"

💻 最终效果

本案例的最终效果如图 2-2 所示。

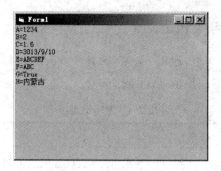

图 2-2　变量的赋值及结果

案例实现

双击窗口打开代码窗口,在 Form_Click()中编写如下代码:

```
Private Sub Form_Click()
Dim A As Integer, B As Integer
Dim C As Double
Dim D As Date
Dim E As String, F As String * 3
Dim G As Boolean
Dim H As Variant
A = 1234
B = 1.6
C = 1.6
D = #9/10/3013#
E = "ABCDEF"
F = "ABCDEF"
G = True
H = "内蒙古"
Print "A=" & A
Print "B=" & B
Print "C=" & C
Print "D=" & D
Print "E=" & E
Print "F=" & F
Print "G=" & G
Print "H=" & H
End Sub
```

知识要点分析

(1) 变量赋值的语法格式为<变量名> = <表达式>。

(2) 同时声明多个变量,各变量名用逗号进行分隔。

(3) 声明变量 B 为整型,所以要求给变量 B 赋的值必须是整型,若不是整型则自动转换为整型值。

(4) 字符型变量有定长和变长之分,在声明定长字符型变量时,用"String * 长度"来表示,定长字符型变量赋值时,如果超出了定长,超出的部分截掉显示,不足定长则用空格补足。

2.5.2　算术运算符计算

📖案例描述

程序运行时,单击窗体可在窗体上输出如表 2-10 所示的各表达式的值,最后将窗体保存为 VB02-02.frm,工程文件名为 VB02-02.vbp。

表 2-10　算术运算符及表达式

序　　号	表　达　式	运　行　结　果
1	2 ^ 3	8
2	17 / 3	5.66666666666667
3	17 \ 3	5
4	17.5\ 3.4	6
5	17 Mod 3	2
6	17.5 Mod 3.4	0

🖥最终效果

本案例的最终效果如图 2-3 所示。

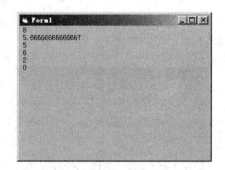

图 2-3　算术运算符及运行结果

✍案例实现

双击窗口打开代码窗口,在 Form_Click()中编写如下代码:

```
Private Sub Form_Click()
Print 2 ^ 3
Print 17 / 3
Print 17 \ 3
Print 17.5 \ 3.4
Print 17 Mod 3
Print 17.5 Mod 3.4
End Sub
```

☞知识要点分析

(1) \为整除求商,如果两个操作数有小数,小数部分按四舍五入进行处理。

(2) Mod 为整除求余,如果两个操作数有小数,小数部分按四舍五入进行处理。

2.5.3 比较运算符计算

📖**案例描述**

程序运行时,单击窗体可在窗体上输出如表 2-11 所示的各表达式的值,最后将窗体保存为 VB02-03. frm,工程文件名为 VB02-03. vbp。

表 2-11   比较运算符及表达式

序　　号	表　达　式	运 行 结 果
1	3 <> 5	True
2	"abcd" < "abc"	False
3	"abcd" Like "abcd"	True
4	"abcd" Like "abc?"	True
5	"abcd" Like "ab??"	True
6	"abcd" Like "ab * "	True
7	"abcd" Like "abcd"	True
8	"abc?" Like "abcd"	False

💻**最终效果**

本案例的最终效果如图 2-4 所示。

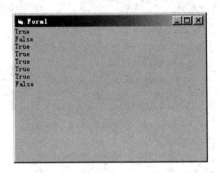

图 2-4　比较运算符及运行结果

✎**案例实现**

双击窗口打开代码窗口,在 Form_Click()中编写如下代码:

```
Private Sub Form_Click()
Print 3 <> 5
Print "abcd" < "abc"
Print "abcd" Like "abcd"
Print "abcd" Like "abc?"
Print "abcd" Like "ab??"
Print "abcd" Like "ab * "
Print "abcd" Like "abcd"
Print "abc?" Like "abcd"
End Sub
```

📖知识要点分析

（1）字符串比较是按照 ASCII 码值的大小进行比较，首先比较第 1 个字符，第 1 个字符相同比较第 2 个字符，以此类推。

（2）Like 是对字符串进行比较看是否匹配，比较时可在后一个字符串中使用通配符，通配符有？和 * 两种，？代表一个字符，* 代表多个字符。

2.5.4 字符串连接运算符计算

📖案例描述

程序运行时，单击窗体可在窗体上输出如表 2-12 所示的各表达式的值，最后将窗体保存为 VB02-04. frm，工程文件名为 VB02-04. vbp。

表 2-12 字符串连接运算符及表达式

序　号	表　达　式	运 行 结 果
1	100 + 123	223
2	"100" + "123"	100123
3	"100" + 123	223
4	100 & 123	100123
5	"Visual" & " " & "Basic"	Visual Basic

🖥️最终效果

本案例的最终效果如图 2-5 所示。

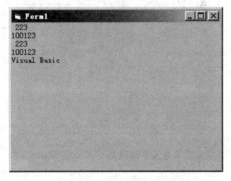

图 2-5　字符串连接运算符及运行结果

✍案例实现

双击窗口打开代码窗口，在 Form_Click()中编写如下代码：

```
Private Sub Form_Click()
Print 100 + 123
Print "100" + "123"
Print "100" + 123
Print 100 & 123
Print "Visual" & " " & "Basic"
End Sub
```

☎知识要点分析

(1) 字符串运算符有两种：＋和 &。

(2) ＋要求两边都是字符串，然后把两边的字符串进行连接，如果是数值则进行加法运算。

(3) & 不管两边是字符型还是数值型，首先都要转换成字符串然后进行连接，使用 & 时要在 & 和运算数之间加一个空格。

2.5.5 逻辑运算符与表达式

📖案例描述

程序运行时，单击窗体可在窗体上输出如表 2-13 所示的各表达式的值，最后将窗体保存为 VB02-05.frm，工程文件名为 VB02-05.vbp。

表 2-13　逻辑运算符与表达式

序　号	表　达　式	运　行　结　果
1	Not 3 > 5	True
2	3 < 5 And 6 > 7	False
3	3 < 5 Or 6 > 7	True

🖥最终效果

本案例的最终效果如图 2-6 所示。

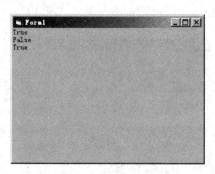

图 2-6　逻辑运算符及运行结果

✍案例实现

双击窗口打开代码窗口，在 Form_Click()中编写如下代码：

```
Private Sub Form_Click()
Print Not 3 > 5
Print 3 < 5 And 6 > 7
Print 3 < 5 Or 6 > 7
End Sub
```

☎知识要点分析

(1) Not 是真了为假，假了为真。

(2) And 同时为真才为真，一个为假就为假。

（3）Or 同时为假才为假，一个为真就为真。

2.5.6　符号常量计算圆的周长和面积

📖 案例描述

在窗体上添加三个标签，标题分别为"半径"、"周长"、"面积"，添加三个初始内容为空的文本框，分别放在相应标签的后面，添加一个命令按钮，标题为"计算"，程序运行时在Text1 中输入半径，单击"计算"命令按钮，计算出圆的周长和面积，分别显示在 Text2 和 Text3 中，最后将窗体保存为 VB02-06.frm，工程文件名为 VB02-06.vbp。

📇 最终效果

本案例的最终效果如图 2-7 所示。

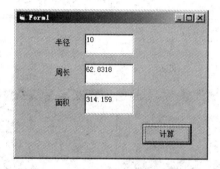

图 2-7　周长和面积的计算结果

✍ 案例实现

（1）添加三个标签，Caption 属性分别为"半径"、"周长"、"面积"，添加三个文本框，清空 Text 属性，添加一个命令按钮，Caption 属性为计算。

（2）双击计算命令按钮打开代码窗口，在 Command1_Click()中编写如下代码：

```
Private Sub Command1_Click()
Dim r As Single, zc As Single, mj As Single
Const pi As Single = 3.14159
r = Text1.Text
zc = 2 * pi * r
mj = pi * r ^ 2
Text2.Text = zc
Text3.Text = mj
End Sub
```

☞ 知识要点分析

（1）Const pi As Single = 3.14159 定义 pi 为符号常量。

（2）圆周率 pi 在程序中多次使用，避免多次重复输入。

2.5.7　变量的作用域

📖 案例描述

在窗体 From1 上添加三个命令按钮，标题分别为"局部变量"、"窗体级变量"、"显示

Form2",在窗体 From2 上添加一个命令按钮,标题为"全局变量",根据表 2-14 的要求对变量进行定义,测试变量的作用范围,最后将窗体 Form2 保存为 VB02-07B. frm、窗体 Form1 保存为 VB02-07A. frm,工程文件名为 VB02-07. vbp。

表 2-14　表达式

序　号	变　量	作　用　域	变量赋初值
1	a	局部变量	$a = 100$
2	b		$b = 200$
3	m	窗体级变量	$m = 300$
4	n		$n = 400$
5	x	全局变量	$x = 500$
6	y		$y = 600$

最终效果

本案例的最终效果如图 2-8 所示。

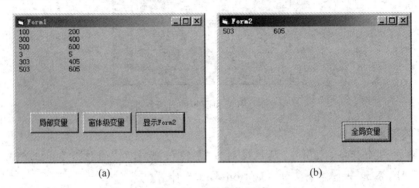

(a)　　　　　　　　　　　　　　(b)

图·2-8　变量的作用域

案例实现

(1) 在 Form1 上添加三个命令按钮,Caption 属性分别为"局部变量"、"窗体级变量"、"显示 Form2",在 Form2 上添加一个命令按钮,Caption 属性为"全局变量"。

(2) 打开 Form1 的代码窗口,在通用中编写如下代码:

```
Dim m As Integer, n As Integer
Public x As Integer, y As Integer
```

(3) 在 Command1_Click()中编写如下代码:

```
Private Sub Command1_Click()
Dim a As Integer, b As Integer
a = 100
b = 200
m = 300
n = 400
x = 500
y = 600
```

```
Print a, b
Print m, n
Print x, y
End Sub
```

（4）在 Command2_Click()中编写如下代码：

```
Private Sub Command2_Click()
a = a + 3
b = b + 5
Print a, b
m = m + 3
n = n + 5
Print m, n
x = x + 3
y = y + 5
Print x, y
End Sub
```

（5）在 Command3_Click()中编写如下代码：

```
Private Sub Command3_Click()
Form2.Show
End Sub
```

（6）打开 Form2 的代码窗口，在 Command1_Click()中编写如下代码：

```
Private Sub Command1_Click()
Print Form1.x, Form1.y
End Sub
```

知识要点分析

变量的作用域即确定变量在哪个范围内有效。

（1）局部变量：只能在本过程中使用，不能在其他过程中使用，如果同名属于不同过程；

（2）模块级变量：也称窗体级变量，可在本窗体的任意过程中使用，但不能在其他窗体中使用。

（3）全局变量：在任意过程中均可使用，如果在其他窗体中使用该变量必须在变量前加窗体名，即窗体名.变量名。

2.6 本章课外实验

2.6.1 计算表达式的值

编写代码求出如表 2-15 所示的各表达式的值，将运行结果在窗体上输出，保存窗体和工程为 KSVB02-01。

表 2-15　表达式

序　号	表　达　式	运　行　结　果
1	4＋5\6＊7/8mod9	5
2	12＋"34"	46
3	(7\3＋1)＊(18\5－1)	6
4	5＾2 mod 25\2＾2	1
5	－Q＾2(其中 Q＝2)	－4

2.6.2　计算各程序的结果

设计如图 2-9 所示的窗体,编写代码求出如表 2-16 所示的各程序的结果,将运算结果在窗体上输出,保存窗体和工程为 KSVB02-02。

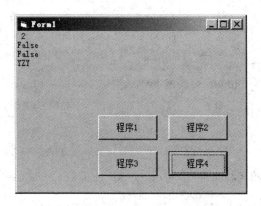

图 2-9　各程序运行结果

表 2-16　程序代码

序　号	程　序　代　码	运　行　结　果
1	Dim x As Integer x = 1 x = x + 1 Print x	2
2	Dim x As Integer x = 1 Print x = x + 1	False
3	A = 10 b = 5 c = 1 Print A > b > c	False
4	x = "X": y = "Y": z = "Z" x = y:y = z:z = x Print x + y + z	YZY

2.6.3 变量的作用域应用

设计如图 2-10 所示的窗体,程序运行时在 Text1 中输入半径,单击"计算"命令按钮,计算出圆的周长和面积,单击"显示结果"命令按钮,将计算出的圆的周长和面积分别显示在 Text2 和 Text3 中,保存窗体和工程为 KSVB02-03。

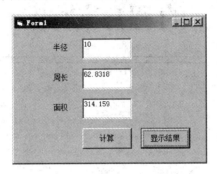

图 2-10 运行结果

2.6.4 算术四则运算

设计如图 2-11 所示的窗体,程序运行时在 Text1、Text2 中分别输入两个数,单击＋、－、*、/命令按钮可将计算结果显示在 Text3 中,保存窗体和工程为 KSVB02-04。

图 2-11 四则运算结果

第3章 Visual Basic 面向对象的程序设计

本章说明

Visual Basic 应用程序包括两部分内容：程序代码和应用程序设计界面，应用程序设计界面通常由窗体、菜单、标准控件等组合而成，本章重点介绍 MDI 窗体、菜单的建立、基本控件的使用。

本章主要内容

➢ MDI 窗体与菜单。

➢ 标准控件。

📖 本章拟解决的问题

（1）如何将窗体设置为 MDI 窗体的子窗体？

（2）如何建立下拉菜单？

（3）如何建立快捷菜单？

（4）标签的属性有哪些？

（5）文本框的属性、事件和方法有哪些？

（6）命令按钮的属性有哪些？

（7）单选项、多选项、框架控件的属性有哪些？

（8）如何使用计时器控件？

（9）组合框与列表框的属性及方法有哪些？

（10）滚动条的属性及事件有哪些？

（11）如何在图片框与图像框中加载图片？

（12）如何使用图形控件？

3.1 MDI 窗体与菜单

3.1.1 MDI 窗体

一个应用程序只能有一个 MDI 窗体，其他为子窗体。通过将 Mdichild 属性设置为 True 可以将窗体作为 MDI 窗体的子窗体。在工程资源管理器窗口可以添加 MDI 窗体，如图 3-1 所示。

图 3-1　添加 MDI 窗体

3.1.2 窗体菜单

菜单可以在普通窗体添加,也可以在 MDI 窗体添加,添加菜单是通过"菜单编辑器"来实现的,打开"菜单编辑器"的方法如下。

(1) 在窗体上单击鼠标右键,在快捷菜单中选择"菜单编辑器"。

(2) 在工具的下拉菜单中选择"菜单编辑器"。

(3) 通过 Ctrl+E 快捷键打开"菜单编辑器"。

"菜单编辑器"打开后,效果如图 3-2 所示。

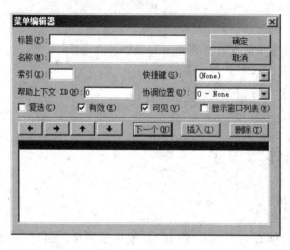

图 3-2 菜单编辑器

说明:

(1) 菜单中的标题与名称是必选项,不能省略,名称为编写代码时使用。

(2) 菜单操作的快捷键可以在编辑器中指定。

(3) 菜单分组可以利用分隔符号"-"实现。

(4) 菜单中带下划线字母"& 字母"实现。

(5) 选中"复选"单选框,可以让菜单进行复选操作。

(6) 选中"有效"单选框,可以让菜单可用,否则不可用。

(7) 选中"可见"单选框,可以让菜单显示,否则不显示。

3.1.3 快捷菜单

快捷菜单是鼠标右键菜单,也称弹出式菜单,在"菜单编辑器中"要设置菜单的标题不可见,即去掉"可见"选项,菜单名称就是快捷菜单名称。具体调用格式如下:

窗体名.Popupmenu 菜单名,Flags=值,X,Y,Boldcommand

说明:

(1) 菜单名是在菜单编辑器中定义的主菜单项名。

(2) Flags 参数为常数,用来定义菜单的显示位置与菜单的行为,取值如表 3-1 所示。

表 3-1　Flags 参数

定位常量	值	作　用	说　　明
VbPopupMenuLeftAlign	0		指定的 X 坐标位置作为弹出式菜单的左上角
VbPopupMenuCenterAlign	4	指定菜单位置	指定的 X 坐标位置作为弹出式菜单的中心点
VbPopupMenuRightAlign	8		指定的 X 坐标位置作为弹出式菜单的右上角
VbPopupMenuLeftButton	0	指定菜单行为	单击鼠标可选中并执行菜单命令
VbPopupMenuRightButton	2		单击鼠标左键或右键可选中并执行菜单命令

（3） X 和 Y 分别用来指定弹出式菜单显示位置的横坐标和纵坐标，如果省略，则弹出式菜单在鼠标的当前位置显示。

（4）Boldcommand 指定弹出式菜单中需要加粗显示的菜单项，注意只能有一个菜单项加粗显示。

3.2　标准控件

3.2.1　标签

标签主要用来显示文本信息，所显示的文本只能用 Caption 属性来设置或修改。标签的基本属性如表 3-2 所示。

表 3-2　标签的基本属性

序　号	属性名称	含　义
1	Alignment	对齐方式
2	Autosize	自动大小
3	Borderstyle	设置边框
4	Caption	标题
5	Backstyle	设置是否透明
6	Enabled	设置是否可用

3.2.2　文本框

文本框是一个文本编辑区域，这个区域中可以输入、编辑、修改和显示文本。

1．文本框的常用属性

文本框的常用属性如表 3-3 所示。

表 3-3　文本框的常用属性

序　号	属性名称	含　义
1	Backcolor	设置文本框颜色
2	Forecolor	设置文本颜色
3	Fontname	字体属性
4	Fontsize	字号属性

序　号	属性名称	含　义
5	Fontbold	设置加粗
6	Fontitalic	设置斜体
7	Fontstrikethru	设置删除线
8	Fontunderline	设置下划线
9	Enabled	设置文本框是否可以输入
10	Multiline	设置是否可以接收多行文本
11	Scrollbars	设置文本框是否有滚动条
12	Locked	设置文本框是否可编辑
13	Maxlength	允许输入的最大字符数
14	Passwordchar	文本框作为密码输入框,值设成 *
15	Seltext	选中文本
16	Sellength	返回选中文本长度
17	Selstart	返回文本的起始位置

2．文本框的常用事件和方法

文本框的常用事件和方法如表 3-4 所示。

表 3-4　文本框的常用事件和方法

序　号	名　称	含　义
1	Change 事件	文本框中的文本发生改变时触发该事件
2	Gotfocus 事件	文本框获得焦点时触发该事件
3	Lostfocus 事件	文本框失去焦点时触发该事件
4	Setfocus 方法	使文本框获得焦点的方法

3.2.3　命令按钮

命令按钮提供了用户与应用程序交互最简便的方法,在应用程序中,命令按钮通常在单击时执行指定的操作。命令按钮的基本属性如表 3-5 所示。

表 3-5　命令按钮的基本属性

序　号	属性名称	含　义
1	Cancel	设置为 True,按 Esc 键与单击作用相同
2	Default	设置为 True,按 Enter 键与单击作用相同
3	Style	设置为 1 时,可以设置 ICO 图标
4	Picture	设置 ICO 图标
5	Downpicture	设置按下时的 ICO 图标
6	Disabledpicture	设置按钮不可用时的 ICO 图标

3.2.4 单选项与多选项

单选项与多选项用来表示选择状态。单选项、多选项的基本属性如表 3-6 所示。

表 3-6 单选项、多选项的基本属性

序号	属性名称	在单选项中的含义	在复选项中的含义
1	Style	设置单选项外观,0 为单选,1 为按钮	设置多选项外观,0 为多选,1 为按钮
2	Value	设置单选项是否选中,值分别是 True、False	设置多选项是否选中,值分别是 0、1、2

3.2.5 计时器

计时器控件可以按一定的时间间隔产生计时器事件。计时器的基本属性如表 3-7 所示。

表 3-7 计时器的基本属性

序　号	属性名称	在单选项中的含义
1	Interval	设置时间间隔,单位是 ms
2	Enabled	设置计时器是否可用

3.2.6 列表框

列表框用于在很多项目中做出选择的操作。

1. 列表框的常用属性

列表框的常用属性如表 3-8 所示。

表 3-8 列表框的常用属性

序　号	属性名称	含　义
1	Style	0 表示标准列表框,1 表示带复选的列表框
2	List	列表中的项目
3	Listcount	列表中项目的总数
4	Listindex	列表项目的位置,最小是 0,未选是 -1
5	Text	返回列表选中项目的文本
6	List(N)	用数组表示列表中的项目,从 0 开始
7	Selected(N)	判断是否被选中
8	MultiSelect	是否允许多重选择
9	Selcount	选择的项目数
10	Sorted	确定排序

2. 列表框的常用方法

列表框的常用方法如表 3-9 所示。

表 3-9　列表框的常用方法

序　号	属 性 名 称	含　义
1	Additem	向列表框中添加项目 增加为第几项：List1. Additem Text1. Text,N
2	Removeitem	从列表框中删除项目 删除指定的项目：List1. Removeitem N 删除选中的项目：List1. Removeitem List1. Listindex
3	Clear	删除所有项目 List1. Clear

3.2.7　组合框

组合框是组合了列表框和文本框的特性而成的控件，也就是组合框兼有列表框和文本框的功能。

1. 组合框的常用属性

组合框的常用属性如表 3-10 所示。

表 3-10　组合框的常用属性

序　号	名　称	含　义
1	Style	0 表示可编辑的下拉列表，1 表示可编辑列表，2 表示不能编辑的下拉列表
2	Text	返回组合框选中项目的值
3	List	组合框的项目
4	List(N)	组合框数组

2. 组合框的常用方法

组合框的常用方法如表 3-11 所示。

表 3-11　组合框的常用方法

序　号	名　称	含　义
1	Clear	删除组合框中的所有项目 Combo1. Clear
2	Additem	向组合框增加列表项目 Combo1. Additem Text1. Text,N(N 表示增加为第几项)
3	Removeitem	从组合框中删除 删除第几个项目：Combo1. Removeitem N 删除选中的项目：Combo1. Removeitem Combo1. Listindex

3.2.8　滚动条

滚动条分为两种，即水平滚动条和垂直滚动条。

1．滚动条的常用属性

滚动条的常用属性如表 3-12 所示。

表 3-12　滚动条的常用属性

序　　号	属 性 名 称	含　　义
1	Min	滚动条值范围的最小值
2	Max	滚动条值范围的最大值
3	Largechange	单击滚动条值的步长
4	Smallchange	单击箭头滚动条值的步长
5	Value	滚动条返回的值

2．滚动条的常用事件

滚动条的常用事件如表 3-13 所示。

表 3-13　滚动条的常用事件

序　　号	属 性 名 称	含　　义
1	Change	滚动条的值变化时发生
2	Scroll	拖动滑块时发生

3.2.9　图片框与图像框

图片框和图像框是 Visual Basic 中用来显示图形的两种基本控件。

1．图片框和图像框的常用属性

图片框和图像框的常用属性如表 3-14 所示。

表 3-14　图片框和图像框的常用属性

序　　号	属性名称	含　　义
1	Picture	加载图片
2	Height	图片框/图像框高度
3	Width	图片框/图像框宽度
4	Stretch	图像框中图像大小：为真时,图像与图像框大小一样；为假时, 图像框与图像大小一样

2．图片框和图像框加载图片的方法还可以编写如下代码

```
picture1.Picture＝Loadpicture("文件名")
image1.Picture＝Loadpicture("文件名")
```

3.2.10 图形控件

1. 直线控件

直线控件(Line)的常用属性如表 3-15 所示。

表 3-15　直线控件的常用属性

序　　号	属 性 名 称	含　　义
1	BorderColor	设置线的颜色
2	BorderWidth	设置线的宽度
3	X1	第一个点的横坐标
4	X2	第二个点的横坐标
5	Y1	第一个点的纵坐标
6	Y2	第二个点的纵坐标

2. 形状控件

形状控件(Shape)的常用属性如表 3-16 所示。

表 3-16　形状控件的常用属性

序　　号	属 性 名 称	含　　义
1	BackColor	设置背景颜色
2	BackStyle	设置背景样式
3	BorderColor	设置边框颜色
4	BorderStyle	设置边框样式
5	FillColor	设置填充颜色
6	FillStyle	设置填充样式
7	Shape	形状样式

说明：

(1) 如果想要看见 BackColor 属性设置的颜色，需要先将 BackStyle 属性设为 1。

(2) 如果想要看见 FillColor 属性设置的颜色，需要先将 FillStyle 属性设为 0。

3. 画图形的方法

(1) 画直线的方法：Line (X1,Y1)-(X2,Y2)[,颜色][BF]。

(2) 画圆的方法：Circle(X,Y),半径[,颜色]。

(3) 画点的方法：Pset(X,Y),颜色。

(4) 返回指定点的 RGB 颜色：Point(X,Y)。

3.2.11 框架控件

框架是一个容器控件，用于将窗体上的对象分组。框架的常用属性如表 3-17 所示。

Visual Basic面向对象的程序设计 ————

表 3-17　框架的常用属性

序　　号	属性名称	含　　义
1	Caption	标题
2	Enabled	设置框架内的对象是否可用

3.3　本章教学案例

3.3.1　MDI 窗体中建立菜单

📖案例描述

在 MDI 窗体建立如图 3-3、图 3-4 所示的文件菜单,菜单设置要求如表 3-18 所示。最后将 MDI 窗体保存为 MDIVB03-01. frm,窗体保存为 VB03-01. frm,工程文件名为 VB03-01. vbp。

表 3-18　菜单设置要求

标　　题	名　　称	要　　求	菜单层次
文件	File	运行程序时此菜单项显示为:文件(F)	1
新建	New	运行程序时此菜单项的快捷键为 Ctrl+N	2
打开	Open	运行程序时此菜单项为灰色	2
—	fgt	运行程序时此菜单项为一条灰色分隔线	2
保存	Save	运行程序时此菜单项前有"√"标记	2
关闭	Close	运行程序时此菜单项不显示	2
帮助	Help	运行程序时此菜单项显示为文件(H)	1
显示	Show	运行程序时此菜单项可控制 Form1 窗体显示	2
隐藏	Hide	运行程序时此菜单项可控制 Form1 窗体隐藏	2

🖥最终效果

本案例的最终效果如图 3-3 和图 3-4 所示。

图 3-3　菜单效果　　　　　　　　　　图 3-4　窗体的显示

✍案例实现

(1) 在工程资源管理器窗口空白处右击选择"添加"→"添加 MDI 窗体"命令,添加

MDI 窗体后的工程资源管理器窗口如图 3-5 所示。

（2）在工程资源管理器窗口"工程 1"文字上右击选择"工程 1 属性"→"启动对象"→MDIForm1 选项。

（3）将 Form1 的 MDIChild 属性设为 True。

（4）在 MDI 窗体上右击选择"菜单编辑器"选项，建立如图 3-6 所示的菜单。

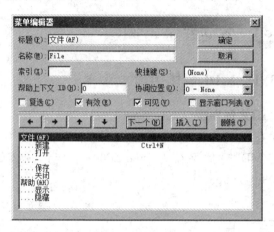

图 3-5　工程资源管理器　　　　　图 3-6　"菜单编辑器"对话框

（5）设置新建菜单项的快捷键为 Ctrl＋N。

（6）设置打开菜单项的"有效"为未选。

（7）设置保存菜单项的"复选"为选中。

（8）设置关闭菜单项的"可见"为未选。

（9）选择菜单项"显示"，打开代码窗口，在 Show_Click() 中编写如下代码：

```
Private Sub Show_Click()
Form1.Show
End Sub
```

（10）选择菜单项"隐藏"，打开代码窗口，在 Hide_Click() 中编写如下代码：

```
Private Sub Hide_Click()
Form1.Hide
End Sub
```

知识要点分析

（1）菜单中的快捷键在菜单编辑器中指定，注意快捷键的指定具有唯一性。

（2）一个应用程序只能有一个 MDI 窗体，其他为子窗体，通过 MDIChild 属性设置。

3.3.2　快捷菜单控制字体

案例描述

在窗体上添加一个文本框，内容为"内蒙古"，建立如图 3-7 所示的快捷菜单，菜单设置如表 3-19 所示，要求程序运行后，如果右击窗体则弹出此菜单，选中某项菜单文本框中的字体可以进行相应的设置。最后将窗体保存为 VB03-02.frm，工程文件名为 VB03-02.vbp。

Visual Basic面向对象的程序设计

表3-19 菜单设置要求

标 题	名 称	菜 单 层 次
字体	zt	1
黑体	ht	2
楷体	kt	2
隶书	ls	2

💻最终效果

本案例的最终效果如图3-7所示。

图3-7 菜单效果

✍案例实现

(1)在窗体上单击鼠标右键,选择"菜单编辑器"命令,建立如图3-8所示的菜单。

图3-8 "菜单编辑器"对话框

(2)打开代码窗口,在Form_MouseDown中编写如下代码:

```
Private Sub Form_MouseDown(Button As Integer, Shift As Integer, X As Single, Y As Single)
If Button = 2 Then Form1.PopupMenu zt
End Sub
```

(3)选择每种字体菜单项,编写如下代码:

```
Private Sub ht_Click()
```

```
Text1.fontname = "黑体"
End Sub

Private Sub kt_Click()
Text1.fontname = "楷体_GB2312"
End Sub

Private Sub ls_Click()
Text1.fontname = "隶书"
End Sub
```

☞知识要点分析

（1）主菜单项的标题不显示，调用菜单的格式为：窗体名.Popupmenu 菜单名，其中菜单名是快捷菜单主菜单项的名称。

（2）楷体的字体名称为"楷体_GB2312"。

3.3.3 标签的文字对齐方式

📖案例描述

在窗体上添加一个标签，标题为"内蒙古"，设置标签有边框、标签内文字的初始对齐方式为居中对齐，再添加三个命令按钮，标题分别为"左对齐"、"居中对齐"、"右对齐"，程序运行后单击相应的命令按钮，则可以控制标签内文字的对齐方式，最后将窗体保存为VB03-03.frm，工程文件名为 VB03-03.vbp。

🖥最终效果

本案例的最终效果如图 3-9 所示。

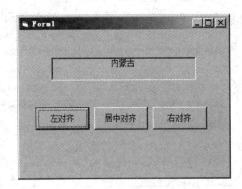

图 3-9　窗体效果

✎案例实现

（1）添加一个标签，Caption 属性为"内蒙古"，BorderStyle 为 1，Alignment 为 2。

（2）添加三个命令按钮，Caption 分别为"左对齐"、"居中对齐"、"右对齐"。

（3）双击"左对齐"命令按钮打开代码窗口，在 Command1_Click()中编写如下代码：

```
Private Sub Command1_Click()
Label1.Alignment = 0
End Sub
```

（4）双击"居中对齐"命令按钮打开代码窗口，在 Command2_Click()中编写如下代码：

```
Private Sub Command2_Click()
Label1.Alignment = 2
End Sub
```

（5）双击"右对齐"命令按钮打开代码窗口，在 Command3_Click()中编写如下代码：

```
Private Sub Command3_Click()
Label1.Alignment = 1
End Sub
```

☞**知识要点分析**

（1）标签若带有边框，需要将 BorderStyle 属性设置为 1。

（2）标签中文字的对齐方式是通过 Alignment 属性设置的，值为 0 则左对齐，值为 1 则右对齐，值为 2 则居中对齐。

3.3.4　文本框选择属性应用

📖**案例描述**

在窗体上添加 4 个文本框，均无初始内容，添加三个命令按钮，标题分别为"选中文本"、"文本长度"、"起始位置"，程序运行后，在 Text1 中输入内容，用鼠标选中一部分内容，单击选中文本，可将所选内容在 Text2 中显示；单击文本长度，可将所选内容的长度在 Text3 中显示；单击起始位置，可将鼠标选择的起始位置在 Text4 中显示，最后将窗体保存为 VB03-04.frm，工程文件名为 VB03-04.vbp。

🖵**最终效果**

本案例的最终效果如图 3-10 所示。

图 3-10　窗体效果

✍**案例实现**

（1）添加两个文本框，将 Text 属性清空。

（2）添加三个命令按钮，Caption 属性分别为"选中文本"、"文本长度"、"起始位置"。

（3）双击"选中文本"命令按钮打开代码窗口，在 Command1_Click()中编写如下代码：

```
Private Sub Command1_Click()
Text2. Text = Text1. SelText
End Sub
```

（4）双击"文本长度"命令按钮打开代码窗口，在 Command2_Click() 中编写如下代码：

```
Private Sub Command2_Click()
Text3. Text = Text1. SelLength
End Sub
```

（5）双击"起始位置"命令按钮打开代码窗口，在 Command3_Click() 中编写如下代码：

```
Private Sub Command3_Click()
Text4. Text = Text1. SelStart
End Sub
```

☜知识要点分析

（1）SelText 可返回选中的文本。

（2）SelLength 可返回选中文本的长度。

（3）SelStart 可返回选择文本的起始位置。

3.3.5 为命令按钮设置图标

📖案例描述

在窗体上添加两个命令按钮，高均为 800，设置 Command1 上的图标为文件夹"VB03-05"下的图标 1，按下 Command1 时所显示的为图标 2，设置 Command2 按钮的不可用图标为图标 3，最后将窗体保存为 VB03-05. frm，工程文件名为 VB03-05. vbp。

💻最终效果

本案例的最终效果如图 3-11 所示。

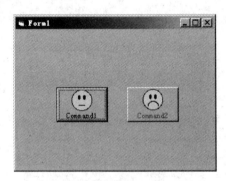

图 3-11　最终效果

✍案例实现

（1）添加两个命令按钮，将 Style 属性均设置为 1。

（2）设置 Command1 的 Picture 属性为文件夹"VB03-05"下的图标 1，Downpicture 属性为该文件夹下的图标 2。

（3）设置 Command2 的 Enabled 属性为 False，Disabledpicture 属性为图标 3。

☞知识要点分析

（1）选择与命令按钮大小相符的图片。

（2）Picture、Downpicture、Disabledpicture 这三个属性用于设置命令按钮的 ICO 图标。

（3）设置的前提条件是命令按钮的 Style 属性必须设置为 1。

3.3.6 单选项控制字体字号

📖案例描述

在窗体上添加一个标签，标题为“内蒙古”且标签为自动大小，添加两个框架，标题分别为“字体”、“字号”，“字体”框内添加三个单选按钮，标题分别为“隶书”、“黑体”、“楷体”，“字号”框内添加三个单选按钮，标题分别为 10、30、50，程序运行后，可以通过所选择的单选按钮控制标签中文字的字体和字号，最后将窗体保存为 VB03-06.frm，工程文件名为 VB03-06.vbp。

💻最终效果

本案例的最终效果如图 3-12 所示。

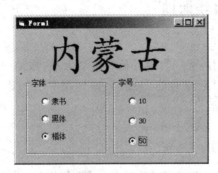

图 3-12　最终效果

✎案例实现

（1）添加一个标签，Caption 属性为“内蒙古”，Autosize 属性为 True。

（2）添加两个框架，Caption 属性分别为“字体”、“字号”。

（3）“字体”框中添加三个单选按钮，标题分别为“隶书”、“黑体”、“楷体”。

（4）“字号”框中添加三个单选按钮，标题分别为 10、30、50。

（5）打开代码窗口，在每个单选按钮中编写如下代码：

```
Private Sub Option1_Click()
Label1.FontName = "隶书"
End Sub

Private Sub Option2_Click()
Label1.FontName = "黑体"
End Sub

Private Sub Option3_Click()
Label1.FontName = "楷体_GB2312"
```

```
End Sub

Private Sub Option4_Click()
Label1.FontSize = 10
End Sub

Private Sub Option5_Click()
Label1.FontSize = 30
End Sub

Private Sub Option6_Click()
Label1.FontSize = 50
End Sub
```

◆知识要点分析

(1) Fontname 属性控制字体。

(2) 楷体的字体名称为"楷体_GB2312"。

(3) Fontsize 属性控制字号。

3.3.7 显示计算机系统时间

📖案例描述

在窗体上添加一个标签,字号为初号且为自动大小,添加一个计时器,程序运行后可以在标签中显示计算机的系统时间,最后将窗体保存为 VB03-07.frm,工程文件名为 VB03-07.vbp。

🖵最终效果

本案例的最终效果如图 3-13 所示。

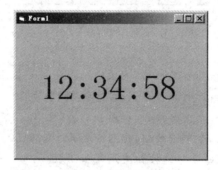

图 3-13 最终效果

✍案例实现

(1) 添加一个标签,Font 属性中字号为初号,Autosize 属性为 True。

(2) 添加一个计时器,Interval 属性为 1000。

(3) 双击计时器打开代码窗口,在 Timer1_Timer()中编写如下代码:

```
Private Sub Timer1_Timer()
Label1.Caption = Time
End Sub
```

☎**知识要点分析**

（1）代码需要在 Timer 事件中编写。

（2）计时器控件每隔 Interval 的时间间隔调用 Timer 事件一次，Interval 的单位是 ms，1s＝1000ms。

3.3.8　10 秒倒计时

📖**案例描述**

在窗体上添加一个标签，标题为 10，字号为初号且为自动大小，添加两个命令按钮，标题分别为"暂停"和"继续"，添加一个计时器，程序运行后可以在标签中看到 10s 倒计时，命令按钮可以控制计时的暂停与继续，当倒计时到 0 时退出程序运行，最后将窗体保存为 VB03-08.frm，工程文件名为 VB03-08.vbp。

💻**最终效果**

本案例的最终效果如图 3-14 所示。

图 3-14　最终效果

✍**案例实现**

（1）添加一个标签，Caption 属性为 10，Font 属性中字号为初号，Autosize 属性为 True。

（2）添加两个命令按钮，Caption 属性分别为"暂停"和"继续"。

（3）添加一个计时器，Interval 属性为 1000。

（4）双击计时器打开代码窗口，在 Timer1_Timer()中编写如下代码：

```
Private Sub Timer1_Timer()
Label1.Caption = Label1.Caption - 1
If Label1.Caption = 0 Then End
End Sub
```

（5）在"暂停"和"继续"命令按钮中分别编写如下代码：

```
Private Sub Command1_Click()
Timer1.Enabled = False
End Sub


Private Sub Command2_Click()
Timer1.Enabled = True
End Sub
```

☞**知识要点分析**

（1）10s 倒计时实质上是标签上的数字每隔 1s 减少 1。

（2）计时的"暂停"与"继续"就是控制计时器是否可用。

3.3.9　列表框的属性应用

📖**案例描述**

在窗体上添加一个初始内容为空的文本框、一个命令按钮、一个列表框，列表框中的表项依次为 FF、DD、AA、CC、EE、BB。

（1）设置列表框的适当属性，使得输入的表项按字母顺序排序。

（2）程序运行时单击命令按钮，文本框中可以显示列表框中项目的总数。

（3）程序运行时在列表框中选中一项，单击命令按钮可在文本框中显示该项目的位置序号。

（4）程序运行时在列表框中选中一项，单击命令按钮可在文本框中显示列表框中选中的内容。

（5）程序运行时单击命令按钮，可在文本框中返回指定位置序号的内容。

（6）程序运行时在列表框中选中一项，单击命令按钮可判断指定位置序号的内容是否被选中，将判断结果显示在文本框中。

（7）设置列表框的适当属性，使得列表框中的表项允许多重选择，程序运行时在列表框中选择多项，单击命令按钮可在文本框中显示选择项目的个数。

（8）最后将窗体保存为 VB03-09.frm，工程文件名为 VB03-09.vbp。

🖥**最终效果**

本案例的最终效果如图 3-15 所示。

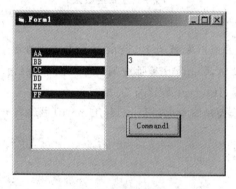

图 3-15　最终效果

✍**案例实现**

（1）添加一个文本框、一个命令按钮、一个列表框。

（2）在列表框的 List 属性中输入表项 FF、DD、AA、CC、EE、BB。

（3）设置列表框的 Sorted 属性为 True。

（4）双击命令按钮打开代码窗口，在 Command1_Click() 中编写如下代码：

```
Private Sub Command1_Click()
```

Visual Basic面向对象的程序设计

```
'Text1.Text = List1.ListCount
'Text1.Text = List1.ListIndex
'Text1.Text = List1.Text
'Text1.Text = List1.List(0)
'Text1.Text = List1.Selected(0)
Text1.Text = List1.SelCount 'MultiSelect 设置为 1 或 2
End Sub
```

☞知识要点分析

（1）在列表框中通过 List 属性添加表项。

（2）在表项需要换行时使用 Ctrl＋Enter。

（3）允许同时选择多个列表项需要将列表框的 MultiSelect 属性置 1。

3.3.10　列表框项目添加与清除

📖案例描述

在窗体上添加两个列表框、两个命令按钮,按钮的标题分别为"＞"、"清除",编写适当的代码,使得程序一运行,列表框 1 中添加表项,表项内容为 AA、BB、CC、DD、EE、FF,代码中指定 FF 添加到 AA 项的位置,在列表框 1 中选中一项,单击"＞"命令按钮,则将该项添加到列表框 2 中,并从列表框 1 中删除,单击"清除"按钮则清除列表框 2 中的全部内容,最后将窗体保存为 VB03-10.frm,工程文件名为 VB03-10.vbp。

🖥最终效果

本案例的最终效果如图 3-16 所示。

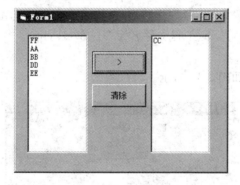

图 3-16　最终效果

✒案例实现

（1）添加两个列表框、两个命令按钮,按钮的 Caption 属性分别为"＞"、"清除"。

（2）双击窗体打开代码窗口,在 Form_Load()中编写如下代码:

```
Private Sub Form_Load()
List1.AddItem "AA"
List1.AddItem "BB"
List1.AddItem "CC"
List1.AddItem "DD"
List1.AddItem "EE"
```

```
List1. AddItem "FF", 0
End Sub
```

（3）双击"＞"命令按钮打开代码窗口，在 Command1_Click()中编写如下代码：

```
Private Sub Command1_Click()
List2. AddItem List1. Text
List1. RemoveItem List1. ListIndex
End Sub
```

（4）双击"清除"命令按钮打开代码窗口，在 Command2_Click()中编写如下代码：

```
Private Sub Command2_Click()
List2. Clear
End Sub
```

📖知识要点分析

（1）向列表框中添加项目时使用 List1. Additem Text1. Text，N。

（2）Additem 属于方法，Text1. Text 代表要添加的内容，后面的",N"代表要把当前添加的内容放到什么位置，N 即 Listindex。

3.3.11　文本框显示滚动条的值

📖案例描述

在窗体上添加一个初始内容为空的文本框、一个名称为 HS1 的水平滚动条，设置滚动条的 Min 属性为 1、Max 属性为 100、Smallchange 属性为 5、Largechange 属性为 10，滚动条上滚动块的初始位置为 50，程序运行后，文本框中可以显示滚动条上滚动块的值，最后将窗体保存为 VB03-11. frm，工程文件名为 VB03-11. vbp。

🖥最终效果

本案例的最终效果如图 3-17 所示。

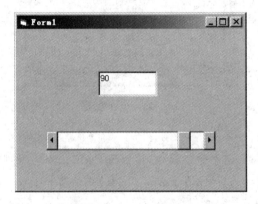

图 3-17　最终效果

✍案例实现

（1）添加一个文本框、一个水平滚动条，名称属性为 HS1。

（2）在属性窗口设置滚动条的 Min 属性为 1、Max 属性为 100、Smallchange 属性为

5、Largechange 属性为 10、Value 属性为 50。

(3) 双击滚动条打开代码窗口,在滚动条的 Change 与 Scroll 事件中编写如下代码:

```
Private Sub HS1_Change()
Text1. Text = HS1. Value
End Sub

Private Sub HS1_Scroll()
Text1. Text = HS1. Value
End Sub
```

☞知识要点分析

(1) 滚动条的最小值通过 Min 属性进行设置,最大值通过 Max 属性设置。

(2) 滚动条上滚动块的初始位置通过 Value 属性设置。

(3) 滚动条上滚动块发生变化时触发 Scroll 事件,为防止出错代码可以同时写在滚动条的 Change 与 Scroll 事件中。

3.3.12 图片框与图像框加载图片

📖案例描述

在窗体上添加两个命令按钮、一个图片框、一个图像框,设置图像框的适当属性,使得图像框不随图片大小的变化而改变,程序运行后,单击 Command1 可在图片框中加载文件夹"VB03-12"下的图片 A,单击 Command2 可在图像框中加载文件夹"VB03-12"下的图片 B,最后将窗体保存为 VB03-12.frm,工程文件名为 VB03-12.vbp。

🖵最终效果

本案例的最终效果如图 3-18 所示。

图 3-18 最终效果

✍案例实现

(1) 添加两个命令按钮、一个图片框、一个图像框,设置图像框的 Stretch 为 True。

(2) 双击 Command1 打开代码窗口,在 Command1_Click()中编写如下代码:

```
Private Sub Command1_Click()
Picture1. Picture = LoadPicture(App. Path & "\A.jpg")
End Sub
```

（3）双击 Command2 打开代码窗口，在 Command2_Click()中编写如下代码：

```
Private Sub Command2_Click()
Image1. Picture = LoadPicture(App. Path & "\B.jpg")
End Sub
```

知识要点分析

（1）图像框不随图片大小的变化而改变，需要设置图像框的 Stretch 为 True。

（2）加载图片时使用 LoadPicture 函数，其中 App. path 代表的是加载图片的路径。

3.3.13 形状控件绘制同心圆与三角形

案例描述

在窗体上添加两个命令按钮，标题分别为"三角形"、"同心圆"，程序运行时：

（1）单击"三角形"按钮，则在窗体上绘制一个三角形，其中三角形三个顶点的坐标为 (500,500)、(0,2000)、(1000,2000)。

（2）单击"同心圆"按钮，则在窗体上以(2000,2000)为圆心，200 及 200 的倍数为半径绘制 5 个同心圆，同心圆的颜色依次为黑、红、绿、蓝、白，再绘制一个红色的圆心。

最后将窗体保存为 VB03-13. frm，工程文件名为 VB03-13. vbp。

最终效果

本案例的最终效果如图 3-19 所示。

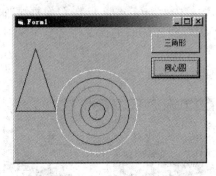

图 3-19 最终效果

案例实现

（1）添加两个命令按钮，Caption 属性分别为"三角形"、"同心圆"；

（2）双击"三角形"命令按钮打开代码窗口，在 Command1_Click()中编写如下代码：

```
Private Sub Command1_Click()
Line (500, 500)—(0, 2000)
Line (500, 500)—(1000, 2000)
Line (0, 2000)—(1000, 2000)
End Sub
```

（3）双击"同心圆"命令按钮打开代码窗口，在 Command2_Click()中编写如下代码：

```
Private Sub Command2_Click()
PSet (2000, 2000), RGB(255, 0, 0)
```

```
Circle (2000, 2000), 200, RGB(0, 0, 0)
Circle (2000, 2000), 400, RGB(255, 0, 0)
Circle (2000, 2000), 600, RGB(0, 255, 0)
Circle (2000, 2000), 800, RGB(0, 0, 255)
Circle (2000, 2000), 1000, RGB(255, 255, 255)
End Sub
```

知识要点分析

（1）直线控件的 Line 方法是：Line（X1,Y1）-（X2,Y2），通过两点坐标相减来绘制直线，两点坐标相减时不分先后顺序。

（2）画圆的方法：Circle(X,Y)，半径[,颜色]。

3.4 本章课外实验

3.4.1 菜单控制窗体的背景

在窗体建立如图 3-20 所示的"背景色"菜单，菜单设置如表 3-20 所示，最后将窗体保存为 KSVB03-01.frm，工程文件名为 KSVB03-01.vbp。

表 3-20 菜单设置要求

标 题	名 称	要 求	层 次
背景色	Backcolour	运行程序时此菜单项显示为：背景色(B)	1
红	Red	运行程序时选择此菜单项可将窗体背景色设为红色	2
绿	Green	运行程序时选择此菜单项可将窗体背景色设为绿色	2
蓝	Blue	运行程序时选择此菜单项可将窗体背景色设为蓝色	2

图 3-20 窗体效果

3.4.2 控制标签可用与不可用

在窗体上添加一个标签，标题为"内蒙古"，设置标签透明、自动大小、有边框且初始状态为不可用，再添加两个命令按钮，标题分别为"可用"、"禁用"，程序运行后单击可用，则标签变为可用状态，单击"禁用"，则标签变为不可用状态，最后将窗体保存为 KSVB03-02.frm，工程文件名为 KSVB03-02.vbp，最终效果如图 3-21 所示。

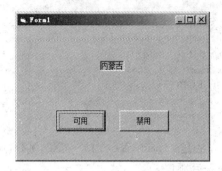

图 3-21　窗体效果

3.4.3　设置光标位置

在窗体上添加两个文本框,均无初始内容,添加一个命令按钮,标题为"设置光标在 Text2 中",程序运行后,单击命令按钮则光标在 Text2 中闪烁,在 Text2 中输入内容时, Text1 可以同步显示 Text2 中的内容,最后将窗体保存为 KSVB03-03. frm,工程文件名为 KSVB03-03. vbp,最终效果如图 3-22 所示。

图 3-22　窗体效果

3.4.4　改变控制位置与大小

在窗体上添加两个命令按钮,程序运行后,单击 Command1 可使该按钮移到窗体右上角,单击 Command2 则可使该按钮在长度和宽度上各扩大到原来的两倍,最后将窗体保存为 KSVB03-04. frm,工程文件名为 KSVB03-04. vbp,最终效果如图 3-23 所示。

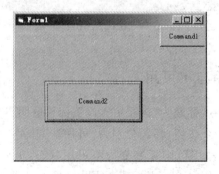

图 3-23　最终效果

3.4.5　滚动条的值添加到组合框中

在窗体上添加一个组合框,类型为简单式组合框,再添加一个水平滚动条,名称为 HS1、Min 属性为 0、Max 属性为 100、SmallChange 属性为 5、LargeChange 属性为 10。程序运行后,先将滚动条的滚动块移到某一位置,然后单击窗体,则在组合框中添加一个项目,该项目的内容即为滚动块所在的位置,最后将窗体保存为 KSVB03-05.frm,工程文件名为 KSVB03-05.vbp,最终效果如图 3-24 所示。

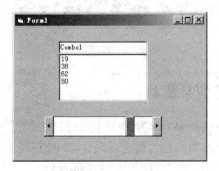

图 3-24　最终效果

3.4.6　列表框更换形状填充

在窗体上添加一个列表框,设置列表框的表项为 0、1、2、3、4、5、6、7,添加一个形状控件,设置该形状为圆形。程序运行后,单击列表框中的某一项,则将所选的列表项作为形状控件的填充参数(例如选择 3,则形状控件被竖线填充),最后将窗体保存为 KSVB03-06.frm,工程文件名为 KSVB03-06.vbp,最终效果如图 3-25 所示。

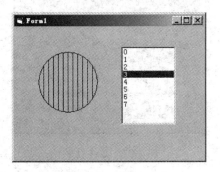

图 3-25　最终效果

3.4.7　组合框显示图片

在窗体上添加一个图像框,设置适当的属性使得图像框的大小不随图片的大小改变,添加一个组合框,组合框的初始文本为“ ∗∗∗ 请选择图片 ∗∗∗ ”,为列表框添加列表项目 A.jpg、B.jpg、C.jpg,将窗体保存为 KSVB03-07.frm,工程文件名为 KSVB03-07.vbp,最终效果如图 3-26 所示。编写适当的代码,使得程序运行后可以通过组合框中的选择对文件夹"KSVB03-07"下的图片进行浏览。

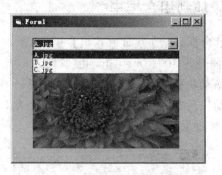

图 3-26　最终效果

3.4.8　形状控件的改变与移动

在窗体上添加一个形状控件,设置该形状为椭圆形、边框宽度为 5、边框为蓝色(&H00C00000&)实线、内部填充色为黄色(&H0000FFFF&),添加 4 个命令按钮,标题分别为"圆形"、"红色边框"、"向右"、"向下",程序运行后:

(1) 单击"圆形"按钮,则将形状控件设为圆形;

(2) 单击"红色边框"按钮,则将形状控件的边框颜色设置为红色(&HFF&);

(3) 每单击"向右"按钮一次,则形状控件向右移动 100;

(4) 每单击"向下"按钮一次,则形状控件向下移动 100;

最后将窗体保存为 KSVB03-08. frm,工程文件名为 KSVB03-08. vbp,最终效果如图 3-27 所示。

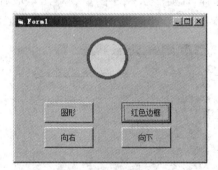

图 3-27　最终效果

第 4 章　Visual Basic 面向过程的程序设计

本章说明

在 Visual Basic 中,结构化程序设计包括顺序、选择、循环,选择结构通过判断条件是否成立从而执行相应的语句来实现,循环结构则是产生一个重复执行的语句序列,直到满足指定的条件为止。

本章主要内容

- ➢ 程序设计语句。
- ➢ 选择结构。
- ➢ 循环结构。

📖 本章拟解决的问题

（1）程序结构有哪些？

（2）程序如何加注释？

（3）IF 语句有哪几种形式？

（4）多分支语句如何使用？

（5）For…Next 循环语句和 Do…Loop 两类循环语句有什么区别？

面向过程的程序设计主要通过结构化程序设计方法实现，结构化程序包含顺序、选择和循环三种控制结构。算法的控制结构也是由这三种基本结构组合而成的，因此，这三种结构被称为程序设计的三种基本结构，如表 4-1 所示。

表 4-1　程序结构

程序结构	说　　明
顺序结构	按照语句的书写顺序逐条地执行，执行过程中不存在任何分支，是程序结构的基础
选择结构	根据设置的"条件"来决定选择执行哪一分支中的语句，包括单分支、多分支和分支的嵌套
循环结构	利用计算机重复执行某一部分代码，以完成大量有规则的重复性运算

4.1　顺序结构程序设计

一个完整的 Visual Basic 应用程序，一般都包含三部分内容，即输入数据、计算处理、输出结果。

程序严格按照语句书写的先后顺序执行，这样的程序结构叫顺序结构。顺序结构是程序结构中最常见、最简单的一种程序结构，一般由赋值语句、输入数据语句和输出数据语句等组成。Visual Basic 的输入输出有着十分丰富的内容和形式，它提供了多种手段，并可通过有关控件实现输入输出操作。

4.1.1　赋值语句

赋值语句是程序设计中最基本、最常用的语句，具体格式如下：

赋值对象＝表达式

说明：

（1）表达式可以是常量、变量，也可以是由运算符组合成的表达式。

（2）赋值对象可以是变量、对象的属性等。

4.1.2　注释语句

注释语句是对程序添加的注释，主要有以下两种格式：

格式 1：

'注释内容

格式 2：

Rem 注释内容

说明：

（1）注释语句是非执行语句，对程序的执行过程不产生任何影响，也不被编译与解释。

（2）用'加的注释内容，习惯于将注释内容置于可执行语句的后面，而使用 Rem 加的注释内容单独占一行。

4.1.3 暂停语句

暂停语句是在程序中设置"断点"，暂停程序的执行，同时打开"立即"窗口，用户可在此对程序进行检测和调试，具体格式为：

Stop

4.1.4 结束语句

程序结束语句的作用是结束当前程序而进行下一段程序，主要的结束语句如表 4-2 所示。

表 4-2 结束语句

序 号	结 束 语 句	含 义
1	End	结束整个程序的运行
2	End Sub	结束 Sub 过程
3	End Function	结束 Function 函数过程
4	End If	结束条件分支语句
5	End Select	结束多情况 Select 语句
6	End Type	结束自定义类型

4.1.5 输出语句

格式：

对象名.Print 表达式列表[,/;]

说明：

（1）对象名可以是窗体、图片框或打印机，也可以是立即窗口，如果省略对象名，则在当前窗体上输出。

（2）表达式包括数值表达式、关系表达式、逻辑表达式、字符串表达式或日期表达式。如果将表达式省略，则输出一个空行。

与 Print 有关的函数有如下两个。

（1）Tab(N)

说明：将光标移到指定的位置 N，从这个位置开始输出信息，要输出的内容放在 Tab 函数的后面，并用分号隔开。

例如：Print Tab(20);800

（2）Spc(N)

说明：在 Print 的输出中，用 Spc 函数可以跳过 N 个空格，Spc 函数与输出项之间用分号隔开。

例如：Print "ABC";Spc(10);"XYZ"

4.1.6　格式输出

（1）Format 函数

用格式输出函数 Format 可以使表达式按照格式符指定的格式输出。格式如下：

Format (数值表达式,格式符)

常见的格式符如表 4-3 所示。

表 4-3　常见的格式符

序号	格式符	作　　用
1	#	格式符 # 的个数决定了显示区段的长度,数值位数小于格式符指定的长度时不补 0
2	0	格式符 0 的个数决定了显示区段的长度,数值位数小于格式符指定的长度时,多余的位数用 0 补齐

（2）VBCRLF

在 Visual Basic 程序中,VBCRLF 是一个系统常量,可直接使用,其作用是回车换行,等价于 Chr(13) & Chr(10)。

4.1.7　打印输出

打印输出时,各语句用法如表 4-4 所示。

表 4-4　打印输出

序　　号	输 出 语 句	含　　义
1	Printer. print	打印输出表达式
2	Printer. Page	打印页码,页码自动加 1
3	Printer. NewPage	打印换页
4	Printer. EndDoc	打印结束

4.1.8　窗体输出

格式如下：

窗体.PrintForm

4.2　选择结构程序设计

用顺序结构编写的程序比较简单,只能实现一些简单的处理,在实际应用中,有许多问题需要判断某些条件,根据判断的结果来控制程序的流程,使用选择结构,可以实现这样的处理。

4.2.1　If 单分支语句结构

单分支结构是判断一个条件,执行相应的程序,格式有以下两种。

72

格式1：

If ＜条件表达式＞ **Then** ＜语句＞

格式2：

If ＜条件表达式＞ **Then**
    ＜语句组＞
End If

说明：

(1) 该语句中若条件表达式的值是 True,则执行 Then 后的语句。

(2) 如果是单语句可以使用格式1,如果是多语句可以使用格式2。

4.2.2　if 双分支语句结构

双分支结构是判断两个条件,执行相应的程序,格式有以下两种。

格式1：

If ＜条件表达式＞ **Then** ＜语句 1＞ **Else** ＜语句 2＞

格式2：

If ＜条件表达式＞ **Then**
    ＜语句组 1＞
Else
    ＜语句组 2＞
End If

说明：

(1) 若条件表达式的值是 True,则执行 Then 后的语句,否则执行 Else 后面的语句。

(2) 如果是单语句可以使用格式1,如果是多语句可以使用格式2。

4.2.3　If 多分支语句结构

多分支结构是判断若干个条件,执行相应的程序,具体格式如下：

If ＜条件表达式 1＞ **Then**
    ＜语句组 1＞
ElseIf ＜条件表达式 2＞ **Then**
    ＜语句组 2＞
   ⋮
ElseIf ＜条件表达式 N＞ **Then**
    ＜语句组 N＞
Else
    ＜语句组 $N+1$＞
End If

说明：

(1) 若条件表达式1的值是 True,则执行语句组1,否则判断条件表达式2,若表达式

2 的值是 True,则执行语句组 2,以此类推直到表达式 N,若前 N 个条件表达式的值均为 False,则执行语句组 N+1。

(2) 条件表达式的判断要具有唯一性,条件表达式间不能存在条件包含关系,否则程序容易出错。

(3) If 条件语句在使用时可以进行嵌套,但要注意嵌套的层次结构不能混乱。

4.2.4 Select Case 多分支语句结构

使用多分支语句 Select Case 也可以实现多分支选择,它比上述条件语句嵌套更有效、更易读,并且易于跟踪调试,具体格式如下:

Select Case 测试表达式
    Case 条件表达式 **1**
        语句组 **1**
    Case 条件表达式 **2**
        语句组 **2**
    ⋮
    Case 条件表达式 **N**
        语句组 **N**
    Case Else
        语句组 **N+1**
End Select

说明:

(1) 测试表达式与条件表达式的类型要一致。

(2) Select Case 执行时先求测试表达式的值,寻找与该值相匹配的 Case 子句,然后执行该 Case 子句中的语句组,如果没有找到与该值相匹配的 Case 子句,则执行 Case Else 子句中的语句组,然后执行 End Select 后面的语句。

(3) 条件表达式的表示方法如表 4-5 所示。

表 4-5 条件表达式的表示方法

序　号	条件表达式	示　例	说　明
1	表达式或常量	CASE 2	数值或字符串常量
2	一组枚举表达式	CASE 3,5,8	是枚举中的某一个
3	用 TO 指明一个范围	CASE 1 TO 100	指定一个取值范围
4	IS 关系表达式	CASE IS>3	配合比较运算符指明一个范围

4.3　循环结构程序设计

在处理实际问题过程中,经常要利用同一种方法对不同数据进行重复处理,这些相同操作可通过重复执行同一程序段实现,这种重复执行具有特定功能程序段的程序结构就称为循环结构。

4.3.1　For…Next 循环

For…Next 循环语句适用于循环次数预知的情况,其语法结构为:

For 循环变量＝初值 To 终值[Step 步长值]
　　语句组 1
　　[Exit For]
Next[循环变量]

说明:

(1) For 循环使用循环变量控制循环,每执行一次循环,循环变量的值就会按照设置的步长值变化,直到该值超出终值确定的范围。

(2) 如果没有设定步长值,则步长默认为 1。

(3) 可使用 Exit For 语句随时退出该循环。

4.3.2　While…Wend 循环

While…Wend 循环语句适用于预先不知道循环次数的情况,需要计算条件表达式的值来决定是否继续执行循环,其语法结构为:

While 条件[条件为真循环]
　　语句组
Wend

说明:

(1) 当给定的条件为 True(非 0)时,执行循环中的语句组,当遇到 Wend 语句时,控制返回到 While 语句并对条件进行测试。

(2) 若条件为 True 则再次执行语句组;若条件为 False,则执行 Wend 后面的语句。

4.3.3　Do While…Loop 循环

给定循环条件,对循环条件进行测试,若条件为真,则执行循环,该循环分为两类:前测型和后测型。

前测型:

Do While 条件[条件为真循环]
　　语句组
　　[Exit Do]
Loop

说明:

(1) 首先判断条件,如果为 False(或 0)时,则跳过所有语句,执行 Loop 下面的语句。

(2) 如果条件值为 True(或非 0),则执行循环语句,执行到 Loop 后,跳回 Do While语句再次判断条件,这种形式的循环体可能执行多次。

后测型：

Do
　　语句组
　　[**Exit Do**]
Loop While 条件[条件为真循环]

说明：

（1）首先执行循环体中的语句，执行到 Loop While 时判断条件。

（2）如果条件值为 False(或 0)，则执行 Loop While 下面的语句；如果为 True(或非 0)，则跳回 Do 执行循环语句，这种形式的循环至少执行一次。

4.3.4　Do Until···Loop 循环

给定循环条件，对循环条件进行测试，若条件为假，则执行循环，该循环分为两类：前测型和后测型。

前测型：

Do Until 条件[条件为真时退出循环]
　　语句组
　　[**Exit Do**]
Loop

说明：

（1）首先判断条件，如果为 True(或非 0)时，则跳过所有语句，执行 Loop 下面的语句。

（2）如果条件值为 False(或 0)时，则执行循环语句，执行到 Loop 后，跳回 Do Until 语句再次判断条件，这种形式的循环体可能执行 0 次或多次。

后测型：

Do
　　语句组
　　[**Exit Do**]
Loop Until 条件[条件为真退出循环]

说明：

（1）首先执行循环体中的语句，执行到 Loop Until 时判断条件，如果其值为 True(或非 0)，则执行 Loop Until 下面的语句。

（2）如果为 False(或 0)时，则跳回 Do 执行循环语句，这种形式的循环至少执行一次。

4.3.5　Do···Loop 循环

Do···Loop 循环结构适用于预先不知道循环次数的情况，可使用 Exit Do 中途退出循环。

Do
　　语句组

[**Exit Do**]

Loop

说明：

（1）没有循环次数和循环条件。

（2）必须使用 Exit Do 退出循环，否则为死循环。

4.3.6　Goto 循环

Goto 语句可以改变程序的顺序，跳过程序的某一部分去执行另一部分，或者返回已经执行过的某些语句使之重复执行，因此，用 Goto 语句可以构成循环。

Goto 标号 或 行号

说明：

（1）"标号"是一个以冒号结尾的标识符；"行号"是一个整型数。

（2）Goto 语句改变程序执行的顺序，无条件地把控制转移到"标号"或"行号"所在的程序行，并从该行开始向下执行。

4.4　本章教学案例

4.4.1　设置字体与字号

📖**案例描述**

在窗体上添加一个标签，标题为"内蒙古"且标签为自动大小，添加两个框架，标题分别为"字体"、"字号"，在"字体"框内添加两个单选按钮，标题分别为"隶书"、"黑体"，在"字号"框内添加两个单选按钮，标题分别为 30、50，添加一个命令按钮，标题为"确定"。程序运行后，选择相应的单选按钮后单击命令按钮则对标签中文字的字体和字号进行设置，最后将窗体保存为 VB04-01.frm，工程文件名为 VB04-01.vbp。

💻**最终效果**

本案例的最终效果如图 4-1 所示。

图 4-1　最终效果

✍ 案例实现

（1）添加一个标签，Caption 属性为"内蒙古"，Autosize 属性为 True。

（2）添加两个框架，Caption 属性分别为"字体"、"字号"。

（3）在"字体"框中添加两个单选按钮，标题分别为"隶书"、"黑体"。

（4）在"字号"框中添加两个单选按钮，标题分别为 30、50。

（5）添加一个命令按钮，Caption 属性为"确定"。

（6）打开代码窗口，在 Command1_Click() 中编写如下代码：

```
Private Sub Command1_Click()
If Option1.Value = True And Option3.Value = True Then
    Label1.FontName = "隶书"
    Label1.FontSize = 30
End If
If Option1.Value = True And Option4.Value = True Then
    Label1.FontName = "隶书"
    Label1.FontSize = 50
End If
If Option2.Value = True And Option3.Value = True Then
    Label1.FontName = "黑体"
    Label1.FontSize = 30
End If
If Option2.Value = True And Option4.Value = True Then
    Label1.FontName = "黑体"
    Label1.FontSize = 50
End If
End Sub
```

❀ 知识要点分析

（1）标签的 FontName 属性设置的是字体，FontSize 属性设置的是字号，其中字体名属于字符必须加双引号。

（2）判断 If 后面的表达式，若表达式的值为 True，则执行 Then 后面的语句组。

（3）该案例可以通过单条 IF 语句实现，还可以通过 If…ElseIF 来实现。

4.4.2　输入一个数求绝对值

📖 案例描述

在窗体上添加两个标签，标题分别为"输入一个数"、"这个数的绝对值为"，标签为自动大小，添加两个初始内容为空的文本框，添加一个命令按钮，标题为"计算"。程序运行时，在 Text1 中输入一个数，单击"计算"命令按钮，则可计算出这个数的绝对值并在 Text2 中显示，最后将窗体保存为 VB04-02.frm，工程文件名为 VB04-02.vbp。

🖥 最终效果

本案例的最终效果如图 4-2 所示。

图 4-2　最终效果

✍ 案例实现

(1) 添加两个标签，Caption 属性分别为"输入一个数"、"这个数的绝对值为"，
Autosize 属性均为 True。

(2) 添加两个文本框，将 Text 属性清空。

(3) 添加一个命令按钮，Caption 属性为"计算"。

(4) 打开代码窗口，在 Command1_Click() 中编写如下代码：

```
Private Sub Command1_Click()
Dim X As Single, Y As Single
X = Text1.Text
'If X >= 0 Then Y = X Else Y = −X
If X >= 0 Then
    Y = X
Else
    Y = −X
End If
Text2.Text = Y
End Sub
```

✎ 知识要点分析

(1) 定义变量 X 为单精度浮点型，通过赋值语句：X = Text1.Text 将 Text1 中的值
赋予 X 时，该值的类型会转换为单精度浮点型。

(2) 若 Then 后面要执行的语句仅一条，既可写一行也可换行写，但如果是语句组则
必须换行写。

4.4.3　计算货款打折

📖 案例描述

在窗体上添加两个标签，标题分别为"原货款"、"打折后的货款"，标签为自动大小，添
加两个初始内容为空的文本框，添加一个命令按钮，标题为"计算"，程序运行时，在 Text1
中输入原货款，单击"计算"按钮则可计算出打折后的货款，并在 Text2 中显示，打折的标
准为：

X<100　不打折

X<500　0.95 折

X<1000　0.9折

X<2000　0.85折

X≥2000　0.8折

最后将窗体保存为VB04-03.frm,工程文件名为VB04-03.vbp。

🖳 **最终效果**

本案例的最终效果如图4-3所示。

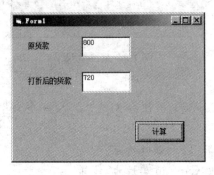

图4-3　最终效果

✍ **案例实现**

(1) 添加两个标签,Caption属性分别为"原货款"、"打折后的货款",Autosize属性均为True。

(2) 添加两个文本框,将Text属性清空。

(3) 添加一个命令按钮,Caption属性为"计算"。

(4) 打开代码窗口,在Command1_Click()中编写如下代码:

```
Private Sub Command1_Click()
Dim X As Double, Y As Double
X = Text1.Text
If X < 100 Then
    Y = X
ElseIf X < 500 Then
    Y = X * 0.95
ElseIf X < 1000 Then
    Y = X * 0.9
ElseIf X < 2000 Then
    Y = X * 0.85
ElseIf X >= 2000 Then
    Y = X * 0.8
End If
Text2.Text = Y
End Sub
```

☞ **知识要点分析**

(1) 定义变量 X 为双精度浮点型,通过赋值语句: X = Text1.Text 将 Text1 中的值赋予 X 时,该值的类型会转换为双精度浮点型。

(2) 最后一个分支既可写为 ElseIf X >= 2000 Then,也可写为 Else X >= 2000。

（3）通过 IF…ElseIf 来实现生活中常见的多分支问题。

4.4.4　字符判断

📖案例描述

在窗体上添加两个标签，标题分别为"输入一个字符"、"判断结果为"，标签为自动大小，添加两个初始内容为空的文本框，添加一个命令按钮，标题为"判断"。程序运行时，在 Text1 中输入一个字符，单击"判断"按钮则可判断出这个字符是大写字母、小写字母、数字或是其他字符，并将判断结果显示在 Text2 中，最后将窗体保存为 VB04-04.frm，工程文件名为 VB04-04.vbp。

💻最终效果

本案例的最终效果如图 4-4 所示。

图 4-4　最终效果

✍案例实现

（1）添加两个标签，Caption 属性分别为"输入一个字符"、"判断结果为"，Autosize 属性均为 True。

（2）添加两个文本框，将 Text 属性清空。

（3）添加一个命令按钮，Caption 属性为"判断"。

（4）打开代码窗口，在 Command1_Click() 中编写如下代码：

```
Private Sub Command1_Click()
Dim X As String
X = Text1.Text
Select Case Asc(X)
    Case 65 To 90
        Text2.Text = "大写字母"
    Case 97 To 122
        Text2.Text = "小写字母"
    Case 48 To 57
        Text2.Text = "数字"
    Case Else
        Text2.Text = "其他字符"
End Select
End Sub
```

☜知识要点分析

（1）本案例是通过 ASCII 码值来判断字符的，将 Text1 中的内容赋值给变量 X，利用 Asc(X)函数将 X 转换为 ASCII 码值。

（2）ASCII 码值在 65～90 的即为大写字母，在 97～122 的即为小写字母，在 48～57 的即为数字，否则就是其他字符。

（3）Select Case 后为测试表达式，每条 Case 子句后为条件表达式，测试表达式与条件表达式的类型必须一致。

4.4.5　用循环求 1～100 的和

📖案例描述

在窗体上添加一个标签，标题为"1～100 的累加和为"，标签为自动大小，添加一个初始内容为空的文本框，添加 5 个命令按钮，标题分别为 For Next、Do While Loop、Do Loop While、Do Until Loop、Do Loop Until。程序运行时，单击每个命令按钮均可用不同的循环语句求出 1～100 的累加和，并将求和结果显示在 Text1 中，最后将窗体保存为 VB04-05.frm，工程文件名为 VB04-05.vbp。

💻最终效果

本案例的最终效果如图 4-5 所示。

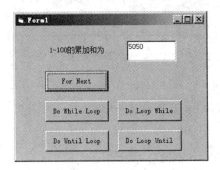

图 4-5　最终效果

✍案例实现

（1）添加一个标签，Caption 属性为"1～100 的累加和为"，Autosize 属性为 True。

（2）添加一个文本框，将 Text 属性清空。

（3）添加 5 个命令按钮，Caption 属性分别为 For Next、Do While Loop、Do Loop While、Do Until Loop、Do Loop Until。

（4）双击 For Next 命令按钮打开代码窗口，在 Command1_Click()中编写如下代码：

```
Private Sub Command1_Click()
Dim s As Integer, i As Integer
s = 0
For i = 1 To 100 Step 1
    s = s + i
Next i
Text1.Text = s
End Sub
```

（5）双击 Do While Loop 命令按钮打开代码窗口，在 Command2_Click()中编写如下代码：

```
Private Sub Command2_Click()
Dim s As Integer, i As Integer
s = 0
i = 1
Do While i <= 100
    s = s + i
    i = i + 1
Loop
Text1.Text = s
End Sub
```

（6）双击 Do Loop While 命令按钮打开代码窗口，在 Command3_Click()中编写如下代码：

```
Private Sub Command3_Click()
Dim s As Integer, i As Integer
s = 0
i = 1
Do
    s = s + i
    i = i + 1
Loop While i <= 100
Text1.Text = s
End Sub
```

（7）双击 Do Until Loop 命令按钮打开代码窗口，在 Command4_Click()中编写如下代码：

```
Private Sub Command4_Click()
Dim s As Integer, i As Integer
s = 0
i = 1
Do Until i > 100
    s = s + i
    i = i + 1
Loop
Text1.Text = s
End Sub
```

（8）双击 Do Loop Until 命令按钮打开代码窗口，在 Command5_Click()中编写如下代码：

```
Private Sub Command5_Click()
Dim s As Integer, i As Integer
s = 0
i = 1
Do
    s = s + i
```

```
    i = i + 1
Loop Until i > 100
Text1. Text = s
End Sub
```

知识要点分析

（1）若将一个变量定义为数值型，则赋初值为 0 的代码可以省略，即 s＝0 可省略。

（2）通过赋值语句：Text1.Text ＝ s，将最后的计算结果 s 赋给 Text1 显示。

4.4.6 求一个数的阶乘

案例描述

在窗体上添加两个标签，标题分别为"输入一个数"、"这个数的阶乘为"，标签为自动大小，添加两个初始内容为空的文本框，添加一个命令按钮，标题为"计算"。程序运行时，在 Text1 中输入一个数，单击"计算"命令按钮则可计算出这个数的阶乘，并将计算结果显示在 Text2 中，最后将窗体保存为 VB04-06.frm，工程文件名为 VB04-06.vbp。

最终效果

本案例的最终效果如图 4-6 所示。

图 4-6 最终效果

案例实现

（1）添加两个标签，Caption 属性分别为"输入一个数"、"这个数的阶乘为"，Autosize 属性均为 True。

（2）添加两个文本框，将 Text 属性清空。

（3）添加一个命令按钮，Caption 属性为"计算"。

（4）打开代码窗口，在 Command1_Click()中编写如下代码：

```
Private Sub Command1_Click()
Dim i As Integer, n As Integer, t As Long
n = Text1. Text
t = 1
For i = 1 To n
    t = t * i
Next
Text2. Text = t
End Sub
```

知识要点分析

（1）若将一个变量定义为数值型，则初值为 0，求乘积时该变量的初值必须为 1，即 t=1 不能省略。

（2）变量 n 是要计算阶乘的数，变量 i 用来循环 1～n，t = t * i 实现累乘。

4.4.7　判断素数

案例描述

在窗体上添加两个标签，标题分别为"输入一个数"、"判断结果为"，标签自动大小，添加两个初始内容为空的文本框，添加一个命令按钮，标题为"判断"。程序运行时，在 Text1 中输入一个数，单击判断命令按钮则可判断这个数是否是素数，并将判断结果显示在 Text2 中，最后将窗体保存为 VB04-04.frm，工程文件名为 VB04-04.vbp。

最终效果

本案例的最终效果如图 4-7 所示。

图 4-7　最终效果

案例实现

（1）添加两个标签，Caption 属性分别为"输入一个数"、"判断结果为"，Autosize 属性均为 True。

（2）添加两个文本框，将 Text 属性清空。

（3）添加一个命令按钮，Caption 属性为"判断"。

（4）打开代码窗口，在 Command1_Click()中编写如下代码：

```
Private Sub Command1_Click()
Dim n As Integer, i As Integer, bj As Boolean
n = Text1.Text
bj = True
For i = 2 To n － 1
    If n Mod i = 0 Then
        bj = False
        Exit For
    End If
Next
Text2.Text = bj
End Sub
```

知识要点分析

（1）变量 n 是需要判断是否是素数的数，素数即只能被 1 和它本身整除的数，所以只需要判断 $2 \sim n-1$ 即可。

（2）变量 bj 作为标记使用，初值为 True，若需要判断的数 n 能被 $2 \sim n-1$ 之间的数整除则 bj 为 False，并且 Exit For 退出 For 循环。

（3）在循环体后面将判断结果 bj 赋给 Text2 进行显示。

4.4.8 数列前 30 项的和

案例描述

在窗体上添加一个标签，标题为"数列 $1+1/2-1/3+1/4-1/5\cdots$ 前 30 项的值为"，标签为自动大小，一个初始内容为空的文本框，添加一个命令按钮，标题为"计算"。程序运行时，单击"计算"命令按钮则可计算出该数列前 30 项的值，并将结果显示在 Text1 中，最后将窗体保存为 VB04-08.frm，工程文件名为 VB04-08.vbp。

最终效果

本案例的最终效果如图 4-8 所示。

图 4-8 最终效果

案例实现

（1）添加一个标签，Caption 属性为"数列 $1+1/2-1/3+1/4-1/5\cdots\cdots$ 前 30 项的值为"，Autosize 属性均为 True。

（2）添加一个文本框，将 Text 属性清空。

（3）添加一个命令按钮，Caption 属性为"计算"。

（4）打开代码窗口，在 Command1_Click() 中编写如下代码：

```
Private Sub Command1_Click()
Dim i As Integer, fz As Integer, s As Single
s = 1
For i = 2 To 30
    s = s + 1 / i * (-1) ^ i
Next
Text1.Text = s
End Sub
```

知识要点分析

（1）该题的特点是从第二项开始，分子是1，分母正负交替变换，因第一项不满足此规律，故将 s 的初值赋为1。

（2）变量 i 从第2项开始循环到30，通过 s ＝ s ＋ 1 / i * （－1）^i 进行累加。

4.5 本章课外实验

4.5.1 多条件选择判断

在窗体上添加两个框架，其名称分别为 F1 和 F2，标题分别为"交通工具"和"到达目标"，在 F1 中添加两个单选按钮，名称分别为 Op1 和 Op2，标题分别为"飞机"和"火车"；在 F2 中添加两个单选按钮，名称分别为 Op3 和 Op4，标题分别为"北京"和"上海"。添加一个标签，其名称为 Lab1，宽度为3000，高度为375。程序运行时，选择不同单选按钮时产生的显示结果如表4-6所示。

表 4-6　显示结果

	选中的单选按钮		单击窗体后标签中显示的结果
	交通工具	到达目标	
第一种情况	飞机	北京	坐飞机去北京
第二种情况	飞机	上海	坐飞机去上海
第三种情况	火车	北京	坐火车去北京
第四种情况	火车	上海	坐火车去上海

最后将窗体保存为 KSVB04-01. frm，工程文件名为 KSVB04-01. vbp，最终效果如图4-9所示。

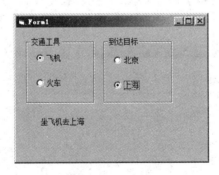

图 4-9　最终效果

4.5.2 复选条件判断

在窗体上添加两个复选框，名称分别为 Ch1 和 Ch2，标题分别为"程序设计"、"数据库原理"；添加一个文本框，一个命令按钮，名称为 C1，标题为"确定"。程序运行时，选择不同复选框产生的显示结果如表4-7所示。

表 4-7　显示结果

程 序 设 计	数据库原理	在文本框中显示的结果
不选	不选	我选的课是
选中	不选	我选的课是程序设计
不选	选中	我选的课是数据库原理
选中	选中	我选的课是程序设计数据库原理

最后将窗体保存为 KSVB04-02.frm,工程文件名为 KSVB04-02.vbp,最终效果如图 4-10 所示。

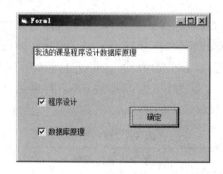

图 4-10　最终效果

4.5.3　计时器与滚动条

在窗体上添加两个命令按钮,标题分别为"开始"、"停止",一个水平滚动条名称为 HS1、Min 属性为 0、Max 属性为 100,添加一个计时器。程序运行时,单击"开始"命令按钮,则滚动条 HS1 中的滚动块从左向右移动(每 0.5s 移动一个刻度),移到最右端后,自动回到最左端,再重新向右移动;如果单击"停止"命令按钮,则滚动块停止移动,最后将窗体保存为 KSVB04-03.frm,工程文件名为 KSVB04-03.vbp,最终效果如图 4-11 所示。

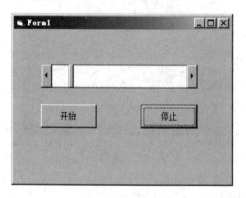

图 4-11　最终效果

4.5.4　滚动字幕

在窗体上添加一个标签,标题为"内蒙古欢迎您",要求标签距窗体的左边界为 0,且

Visual Basic面向过程的程序设计 ————

为自动大小。添加一个计时器,时间间隔为 0.1s。编写适当的程序,使得程序运行时通过计时器控制标签字幕向右滚动,当标签滚动出窗体右侧后可以重新从窗体左侧滚动,最后将窗体保存为 KSVB04-04.frm,工程文件名为 KSVB04-04.vbp,最终效果如图 4-12 所示。

图 4-12　最终效果

4.5.5　求 1～100 中被 3 和 7 同时整除的数的个数

在窗体上添加一个标签,标题为"1～100 中被 3 和 7 同时整除的数的个数为",标签为自动大小。添加一个初始内容为空的文本框,一个命令按钮,标题为"统计"。程序运行时,单击"统计"命令按钮可以统计出 1～100 中被 3 和 7 同时整除的数的个数,显示在 Text1 中,最后将窗体保存为 KSVB04-05.frm,工程文件名为 KSVB04-05.vbp,最终效果如图 4-13 所示。

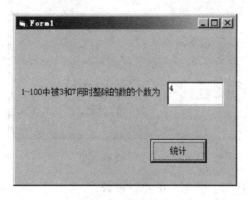

图 4-13　最终效果

4.5.6　数据的奇偶判断

在窗体上添加两个标签,标题分别为"输入一个数"、"判断结果为",标签为自动大小。添加两个初始内容为空的文本框,一个命令按钮,标题为"判断"。程序运行时,在 Text1 中输入一个数,单击"判断"命令按钮判断出该数的奇偶,并将判断结果显示在 Text2 中,最后将窗体保存为 KSVB04-06.frm,工程文件名为 KSVB04-06.vbp,最终效果如图 4-14 所示。

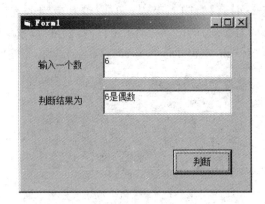

图 4-14　最终效果

4.5.7　公里数与运费打折

在窗体上添加两个标签,标题分别为"输入运输距离"、"打折后的运费为",标签为自动大小,添加两个初始内容为空的文本框,一个命令按钮,标题为"计算"。程序运行时,在 Text1 中输入运输距离,单击"计算"命令按钮则可计算出打折后的费用,并显示在 Text2 中,最后将窗体保存为 KSVB04-04.frm,工程文件名为 KSVB04-04.vbp,最终效果如图 4-15 所示。

图 4-15　最终效果

每吨运费的计算方法是:距离×折扣×单价。

其中,单价为 0.3

折扣为:

距离<500	折扣为 1
500≤距离<1000	折扣为 0.98
1000≤距离<1500	折扣为 0.95
1500≤距离<2000	折扣为 0.92
2000≤距离	折扣为 0.9

4.5.8 月份判断

在窗体上添加两个标签,标题分别为"输入月份"、"判断结果为",标签为自动大小,添加两个初始内容为空的文本框,一个命令按钮,标题为"判断"。程序运行时,在 Text1 中输入某月份的数值(1～12),单击"判断"命令按钮则可判断出该月份所在的季节,并显示在 Text2 中,若输入的不是月份,则 Text2 中显示"输入有误,请重新输入!",最后将窗体保存为 KSVB04-08.frm,工程文件名为 KSVB04-08.vbp,最终效果如图 4-16 所示。

图 4-16　最终效果

4.5.9 输入一个数计算阶乘

在窗体上添加两个标签,标题分别为"输入一个整数(1～100)"、"计算结果为",标签为自动大小,添加两个初始内容为空的文本框,一个命令按钮,标题为"计算"。程序运行时,在 Text1 中输入一个 1～100 的整数,单击"计算"命令按钮则可对该数进行判断,若输入的数小于等于 10 则计算该数的阶乘,若该数大于 10 则计算 1 到该数的累加和,并将计算结果显示在 Text2 中,最后将窗体保存为 KSVB04-09.frm,工程文件名为 KSVB04-09.vbp,最终效果如图 4-17 所示。

图 4-17　最终效果

4.5.10 大于输入数的第一个素数

在窗体上添加两个标签,标题分别为"输入一个数"、"大于该数的第一个素数是",标签为自动大小,添加两个初始内容为空的文本框,一个命令按钮,标题为"计算"。程序运行时,在 Text1 中输入一个数,单击"计算"命令按钮则可计算出大于该数的第一个素数,并将计算结果显示在 Text2 中,最后将窗体保存为 KSVB04-10.frm,工程文件名为 KSVB04-10.vbp,最终效果如图 4-18 所示。

图 4-18　最终效果

4.5.11　求数列 $1+1/3+1/5\cdots1/2n-1$ 的和

在窗体上添加两个标签,标题为"输入 n"、"数列 $1+1/3+1/5\cdots1/2n-1$ 的值为",标签为自动大小,添加两个初始内容为空的文本框,添加一个命令按钮,标题为"计算"。程序运行时,在 Text1 中输入一个数 n,单击"计算"命令按钮则可计算出该数列的值,并将结果显示在 Text2 中,最后将窗体保存为 KSVB04-11.frm,工程文件名为 KSVB04-11.vbp,最终效果如图 4-19 所示。

图 4-19　最终效果

4.5.12　列表项目的增减

在窗体上添加两个列表框,4 个命令按钮,标题分别为">"、""">>"、"<<"、"<",编写适当的代码,使得程序运行时:

(1) 列表框中添加表项,表项内容为 AA、BB、CC、DD、EE、FF;

(2) 在列表框 1 中选中一项,单击">"命令按钮,则将该项添加到列表框 2 中,并将其从列表框 1 中删除;

(3) 在列表框 2 中选中一项,单击"<"命令按钮,则将该项添加到列表框 1 中,并将

其从列表框 2 中删除；

（4）单击"＞＞"命令按钮，可将列表框 1 中的全部内容移到列表框 2 中；

（5）单击"＜＜"命令按钮，可将列表框 2 中的全部内容移到列表框 1 中；

最后将窗体保存为 KSVB04-12.frm，工程文件名为 KSVB04-12.vbp，最终效果如图 4-20 所示。

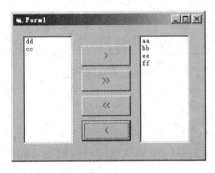

图 4-20　最终效果

4.5.13　计算 π 的值

在窗体上添加一个标签，标题为"π 的近似值为"，标签为自动大小，添加一个初始内容为空的文本框，添加一个命令按钮，标题为"计算"。程序运行时，单击"计算"命令按钮则可通过计算公式 $\pi/4 = 1 - 1/3 + 1/5 - 1/7 + \cdots$ 来求 π 的近似值（当最后一项的绝对值小于 10^{-5} 时停止计算），并将结果显示在 Text1 中，最后将窗体保存为 KSVB04-13.frm，工程文件名为 KSVB04-13.vbp，最终效果如图 4-21 所示。

图 4-21　最终效果

4.5.14　输出九九乘法表

在窗体上添加一个初始内容为空的文本框，可接收多行文本，添加一个命令按钮，标题为"显示九九乘法表"。程序运行时，单击"显示九九乘法表"命令按钮则将九九乘法表显示在 Text1 中，最后将窗体保存为 KSVB04-14.frm，工程文件名为 KSVB04-14.vbp，最终效果如图 4-22 所示。

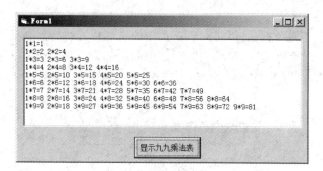

图 4-22   最终效果

4.5.15   百钱百鸡问题

公鸡 5 元一只,母鸡 3 元一只,小鸡 1 元 3 只,问用 100 元钱买 100 只鸡,各应买多少只?

窗体的标题为"百钱百鸡",添加 1 个命令按钮,标题为"计算",程序运行后,单击"计算"命令按钮将计算结果显示在窗体上,最后将窗体保存为 KSVB04-15.frm,工程文件名为 KSVB04-15.vbp,最终效果为图 4-23 所示。

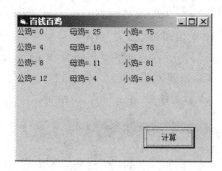

图 4-23   最终效果

第 5 章　Visual Basic 函数

本章说明

    Visual Basic 应用程序包括两部分：程序界面和程序代码，其中，程序代码由语句组成，而语句由不同的"基本元素"构成，包括常量、变量、运算符、表达式和函数等，本章重点介绍函数。

本章主要内容

    ➢ Visual Basic 基本函数。

    ➢ 输入与输出函数。

📖 **本章拟解决的问题**

  (1) 函数的三要素是什么？

  (2) 如何获取某个范围的随机整数？

  (3) 如何使用数学函数？

  (4) 如何使用字符串函数？

  (5) 如何使用转换函数？

  (6) 如何使用日期函数？

  (7) 如何使用输入输出函数？

5.1   Visual Basic 基本函数

  Visual Basic 的函数可分为内部函数和用户自定义函数两大类。内部函数也称公共函数，是 Visual Basic 事先编制好的相应的程序，编程时可以直接使用。内部函数包括数学函数、字符函数、日期时间函数、类型转换函数等。每个内部函数都有它特定的功能，每个函数的使用都需要考虑函数的三要素：函数名、函数参数和函数的返回值。

  函数的语法格式为：函数名(参数 1，参数 2，…)

  函数名是系统规定的函数的名称；函数参数的多少根据函数的不同而不同，参数用圆括号括起来，如果有多个参数，则用半角逗号隔开；每个函数都有一个确切的结果，这个结果就是该函数的返回值，在使用函数的过程中需注意函数返回值的数据类型。调用函数的一般方法是将函数的结果直接用 Print 语句输出，或者用函数构成表达式，将表达式的结果赋值给某个变量。在"代码编辑器"窗口输入函数名和"("后，系统会列出该函数的参数类型和个数等信息方便用户参考。

5.1.1   数学函数

  数学函数是 Visual Basic 系统提供的进行算术运算的函数，函数参数假设用数值 x 来表示，表 5-1 中列出了常用数学函数的功能、用法和函数的返回值。

表 5-1   数学函数及用法

序 号	函 数	功 能	举 例	结 果
1	Abs(x)	返回 x 的绝对值	Abs(-9.5)	9.5
2	Sin(x)	返回 x 的正弦值	Sin(30 * 3.14/180)	0.5
3	Cos(x)	返回 x 的余弦值	Cos(30 * 3.14/180)	0.9
4	Tan(x)	返回 x 的正切值	Tan(30 * 3.14/180)	0.6
5	Exp(x)	求 e 的 x 次方，即 e^x	Exp(3)	20
6	Log(x)	求以 e 为底的对数	Log(60)	4.1
7	Rnd(x)	产生随机数	Rnd	0~1 之间的随机小数
8	Sgn(x)	返回参数 x 的正负号 $x>0$，返回 1 $x=0$，返回 0 $x<0$，返回 -1	Sgn(-2) Sgn(0) Sgn(2)	-1 0 1

序　号	函　　数	功　　能	举　　例	结　　果
9	Sqr(x)	返回 x 的平方根	Sqr(9)	3
10	Int(x)	求不大于 x 的最大整数	Int(-8.5)	-9
11	Fix(x)	截尾取整	Fix(-8.5)	-8
12	Round(x,n)	四舍五入	Round(8.35,1)	8.4

部分数学函数说明如下。

(1) 数学三角函数如 Sin、Cos、Tan 等,参数都以弧度为单位,如果是角度数值,先要转为弧度,即用公式"角度数×π/180"得到弧度。

(2) Int(x)和 Fix(x)函数都是取整,但有所不同。Fix(x)函数只是去掉小数部分,返回其整数部分;而 Int(x)函数是返回小于等于 x 的最大整数,但不同于四舍五入,例如:

① Fix(8.6)和 Int(8.6)结果都为 8。

② Fix(-8.6)结果为 -8,Int(-8.6)结果都为 -9。

当函数参数 x 是正数时,这两个函数的结果相同,而当 x 是负数时,结果不同。

(3) Rnd(x)函数是一个产生随机数的函数,返回一个随机的 $0\sim1$ 的 Single 型小数,参数 x 是随机数种子,若省略 x 则默认 $x>0$。若 $x>0$,重复执行 Rnd(x)产生随机数序列的下一个数;若 $x<0$,重复执行 Rnd(x)产生相同的一个随机数;当 $x=0$,重复执行函数,会出现一个相同的随机数。

当 $x=0$ 时重复调用随机数函数也只能产生同一个随机数;当 $x>0$ 时,重复调用函数能够产生随机数序列,但这是一个相同的序列,每次启动程序调用函数产生的随机数序列都是相同的。而如果将 Randomize 语句放到随机数函数的前面,可以避免这两种情况的发生。Randomize 语句的语法如下:

Randomize[(x)]

x 是随机数发生器的种子数(整型),可以省略。

在程序设计的过程中,经常需要产生某个范围的随机数或某个范围的随机数整数,可以参考下面的规则:

若要产生(x,y)范围内的随机数,则:

$$Rnd*(y-x)+x$$

若要产生(x,y)范围的随机整数,则:

$$Int((y-x+1)*Rnd)+x$$

(4) Round(x,n)函数不是我们习惯使用的四舍五入函数,而是四舍六入,五很特殊,需分情况而定。具体来说可以用这样的口诀来说明:五后非零要进一、五后为零视奇偶、五前为偶应舍去、五前为奇则进一。

例如,执行下列语句(保留两位小数):

Round(2.8352,2)　　　结果为 2.84

Round(2.835,2)　　　结果为 2.84

Round(2.825,2)　　　结果为 2.82

5.1.2 字符函数

字符函数用于对字符串进行处理,在 Visual Basic 中,采用了新的字符处理方式,将英文字符和中文字符统一编排,每个字符都用两个字节表示,每个英文字符和汉字的字符长度都是1,这种处理方式称为"Unicode 方式"。用字母 s 表示一个字符串,n 表示数值,表 5-2 列出了常用字符函数的功能、用法和函数的返回值。

表 5-2 常用字符函数及用法

序号	函 数	功 能	举 例	结 果
1	Left(s,n)	在 s 中从左开始取 n 个字符	Left("内蒙古财经大学", 3)	内蒙古
2	Right(s,n)	在 s 中从右开始取 n 个字符	Right("内蒙古财经大学",2)	大学
3	Mid($s,n1[,n2]$)	在 s 中从 $n1$ 个位置开始取 $n2$ 个字符	Mid("内蒙古财经大学",4,2)	财经
4	Ltrim(s)	去掉 s 左边的空格	"qq" + LTrim(" abc ") + "qq"	qqabc qq
5	Rtrim(s)	去掉 s 右边的空格	"qq" + RTrim(" abc ") + "qq"	qq abcqq
6	Trim(s)	去掉 s 两边的空格	"qq" + Trim(" abc ") + "qq"	qqabcqq
7	Space(n)	产生 n 个空格	"abc" + Space(3) + "def"	abc def
8	Ucase(s)	将 s 中的字母全部转换为大写	Ucase("abc")	ABC
9	Lcase(s)	将 s 中的字母全部转换为小写	Lcase("abc")	abc
10	String($n,s|n1$)	返回由 n 个 s 字符串首字符组成的字符串或者 $n1$ 对应的 ASCII 字符组成的字符串	String(3, "abc")	aaa
11	StrReverse(s)	将 s 字符串倒置,返回字符串的反串	StrReverse("abc")	cba
12	InStr([n],$s1,s2$[,m])	在 $s1$ 中从 n 开始查找 $s2$,返回 $s2$ 在 $s1$ 中的开始的位置	InStr(3,"acfbc", "c")	5
13	Replace ($s, s1, s2$[,$n1$][,$n2$][,m])	在 s 中从 $n1$ 开始由 $s2$ 替代 $s1$,共替代 $n2$ 次,m 表示是否区分大小写	Replace("These Is books And those Is pens.", "is", "are", 1, 2, 0)	These Is books And those Is pens.

部分字符函数说明如下。

(1) InStr([n],$s1,s2$[,m])

功能:确定 $s2$ 子串在 $s1$ 主串中的起始字符位置。

说明:若参数 n 缺省,该函数返回 $s2$ 在 $s1$ 中首次出现的起始字符位置;否则,该函数返回 $s2$ 在 $s1$ 中从第 n 位起出现的起始字符位置。例如:

```
Dim x
x = InStr(2, "This is a book", "is", 0)
Print x        'x 的值是 3
```

（2）string(n,s|n1)

功能：返回由 n 个 s 字符串首字符组成的字符串或是由 n 个 n1 数字对应的 ASCII 字符组成的字符串。例如：

```
Dim s, s1, s2 As String
s1 = String(10, 65)
s2 = String(10, "abc")
Print s1       's1 的值是 10 个 A"AAAAAAAAAA"
Print s2       's2 的值是 10 个 a"aaaaaaaaaa"
```

（3）Replace(s,s1,s2[,n1][,n2][,m])

说明：如果省略 n1 和 n2，在字符串 s 中，从第一个字符开始，由字符串 s2 替代所有的 s1；若有 n1，则从 n1 开始替代，若有 n2，则从 n1 开始连续替代 n2 次；m 表示是否区分大小写，m=0 区分，m=1 不区分，省略 m 为区分大小写。

例如：

```
Dim s As String, s1 As String, s2 As String
s = "These Is books And those Is pens."
s1 = Replace(s, "is", "are", 1, 2, 1)
s2 = Replace(s, "is", "are", 1, 2, 0)
Print s1 's1 的值是"These are books And those are pens."
Print s2 's1 的值是"These Is books And those Is pens."
```

5.1.3　日期时间函数

日期时间函数和日期或时间相关，常用的日期时间函数的功能、用法和函数的返回值如表 5-3 所示，参数 d 表示日期，t 表示时间，n 为一个数值。

表 5-3　常用日期函数及用法

序号	函　　数	功　能	举　例	结　果
1	Now	返回系统日期/时间	Now	2013-10-20 15:20:05
2	Date	返回系统日期	Date	2013-10-20
3	Time	返回系统时间	Time	15:20:05
4	Year(d)	返回年份	Year(#2013/10/20#)	2013
5	Month(d)	返回月份	Month(#2013/10/20#)	10
6	Day(d)	返回日	Day(#2013/10/20#)	20
7	MonthName(n)	返回月份名称	MonthName(6)	六月
8	WeekDay(d)	返回日期号	WeekDay(#2013/10/20#)	1
9	WeekDayName(n)	返回星期名	WeekDayName(6)	星期五
10	Hour(t)	返回小时	Hour("11:30:45 AM")	11
11	Minute(t)	返回分钟	Minute("11:30:45 AM")	30
12	Second(t)	返回秒钟	Second("11:30:45 AM")	45

说明：

系统日期与时间是用户计算机中内部时钟的日期与时间,该日期与时间不一定与实际日期与时间一致,系统日期与时间可以由用户根据需要而设置。

5.1.4 类型转换函数和判断函数

类型转换函数的功能是强制进行数据类型的转换,类型判断函数用来判断常量、变量、函数及表达式的类型。常用的类型转换函数和判断函数如表 5-4 所示,其中参数 s 表示字符串,n 表示数值。

表 5-4 类型转换函数和判断函数

序　号	函　数	函 数 功 能
1	Chr(n)	将 ASCII 码值转换成字符
2	Asc(s)	将首字符转换为 ASCII 值
3	Str(n)	将数值转换成字符串
4	Val(s)	将数字字符串转换成数值
5	Typename	判断类型

说明：

(1) Asc(s)

返回字符串 s 首字符对应的 ASCII 码数值(十进制),在一般情况下,返回 $0\sim255$ 的整数,s 不能是空字符串。

(2) Chr(n)

将数值(十进制)转换成相应的 ASCII 码字符,n 的正常范围为 $0\sim255$,Chr() 与 Asc() 为互递函数。

(3) Str(n)

将数值转换为数字字符串,转换后的字符串左边增加一个符号位。

(4) Val(s)

将字符串中第一个数字字符到第一个非数字字符之间的所有数字字符转换为数值。小数点、$0\sim9$、正负号等被认为是数字字符。若第一个字符就是非数字字符,其转换结果为 0。

例如：

```
Dim n1 As Single, n2 As Single, n3 As Single
n1 = Val("38a.76b")
n2 = Val("abc")
n3 = Val("56.8")
Print n1, n2, n3   'n1 的结果是 38,n2 的结果是 0,n3 的结果为 56.8
```

(5) 类型判断函数 Typename

函数应用举例：

```
Private Sub Command1_Click()
Dim b As Date
Print TypeName(200)              '常量类型,结果为 Integer
Print TypeName("True")           '常量类型,结果为 String
```

```
Print TypeName(Rnd)                '判断函数的类型,结果为 Single
Print TypeName(b)                  '判断变量的类型,结果为 Date
Print TypeName(Sqr(9) + 6 > 10)    '判断表达式的类型,结果为 Boolean
End Sub
```

5.2 输入输出函数

5.2.1 输入函数

在 Visual Basic 中提供了两个函数 InputBox 和 MsgBox,这两个函数分别弹出输入对话框和消息(输出)对话框来,为用户的输入和输出提供了方便。

1. InputBox 函数的语法格式

<变量>＝InputBox("提示"[,"标题"][,"默认值"][,xpos][,ypos])

说明:

(1)"提示"是必选项,指定在对话框中显示的文本,如果不想指定文本,可以给一个空字符串;若要使"提示"文本换行显示,可在换行处插入回车符(Chr(13))、换行符(Chr(10))(或系统符号常量 VbcrLf)或回车换行符(Chr(13)＋Chr(10)),使显示的文本换行。

(2)"标题"指定对话框标题栏中显示的标题。

(3)"默认值"用于指定输入对话框中显示的默认文本。

(4)xpos 和 ypos 分别指定对话框的左边和上边与屏幕左边与上边的距离,通常都是省略的。

2. 函数功能

该函数的作用是打开一个对话框,等待用户输入,当用户输入内容后单击"确定"按钮或回车键时,函数返回输入的值,单击"取消"按钮,返回的将是一个空字符串。其值的类型为字符型。

例如执行下列语句:

x ＝ InputBox("")

这是 InputBox 函数最简单的用法,只给出了第一个参数,并且是一个空串,其余都取默认值。执行该函数将产生如图 5-1 所示的输入对话框,当用户在对话框的文本框中输入内容后,单击"确定"按钮,输入的内容将以字符型数据返回给变量 x。若用户单击"取消"按钮,则返回一个空字符串赋值给变量 x。

如果执行的是下述语句:

n ＝ InputBox("请输入一个正整数" ＋ vbCrLf ＋ "(不能超过 1000)","输入", 1)

则弹出如图 5-2 所示的"输入"对话框,标题栏显示"输入",提示文本分两行显示,默认值为 1,如图 5-2 所示。

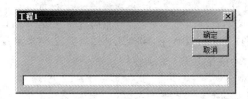

图 5-1　参数取默认值的输入对话框

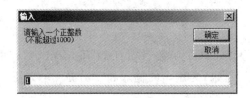

图 5-2　指定三个参数的输入对话框

5.2.2　输出函数

1. MsgBox 函数的语法格式

＜变量＞＝MsgBox("提示"[,对话框类型[, "对话框标题"]])

2. 函数功能

使用 MsgBox 函数可以弹出一个输出消息的对话框,当用户单击不同的命令按钮后,函数将返回不同的数值(表示用户单击了哪个按钮)赋值给变量,根据该变量的值决定后续程序的编写。

说明:

(1) 第一个参数"提示"是必选项,指定在对话框中显示的文本,如果省略了双引号中的提示文本,则弹出的是一个没有任何提示信息的对话框;在"提示"文本中使用vbCrLf、回车符(Chr(13))、回车换行符(Chr(13)＋Chr(10))或换行符(Chr(10)),可使显示的提示文本换行。

(2) "对话框标题"指定对话框标题栏中显示的标题。

(3) "对话框类型"指定对话框中出现的按钮、图标及默认按钮三部分,这三部分一般用"＋"连成一个参数,这三部分的取值和含义如表 5-5~表 5-7 所示。

表 5-5　按钮类型

符 号 常 量	值	显示的按钮
VbOKOnly	0	"确定"按钮
VbOKCancel	1	"确定"和"取消"按钮
VbAbortRetryIgnore	2	"终止"、"重试"和"忽略"按钮
VbYesNoCancel	3	"是"、"否"和"取消"按钮
VbYesNo	4	"是"和"否"按钮
VbRetryCancel	5	"重试"和"取消"按钮

Visual Basic函数

表5-6 图标类型

符 号 常 量	值	显示的图标
VbCritical	16	停止图标
VbQuestion	32	问号(?)图标
VbExclamation	48	感叹号(!)图标
VbInformation	64	消息图标

表5-7 默认按钮

符 号 常 量	值	默认的活动按钮
VbDefaultButton1	0	第一个按钮
VbDefaultButton2	256	第二个按钮
VbDefaultButton3	512	第三个按钮

这三部分的组合决定了对话框的模式。可以全部省略或者只保留一部分、两部分、三部分组合成一个参数,形成不同的对话框风格。

例如执行下列语句:

F = MsgBox("确定要删除程序吗", vbYesNo + vbQuestion, "删除确认")

则弹出如图5-3所示的对话框。

该例中的 vbYesNo + vbQuestion 用的是符号常量,也可以直接用数字"4+32"表示,省略了第三部分"默认按钮",则默认第一个按钮。用户单击了"是"按钮或"否"按钮,函数的返回值是不同的。

图 5-3 消息对话框

(4) MsgBox 函数返回值带回了用户在对话框中单击了哪一个命令按钮的信息,函数值如表5-8所示。

表5-8 MsgBox 函数返回值

符 号 常 量	返 回 值	对 应 按 钮
Vbok	1	确定
Vbcancel	2	取消
Vbabort	3	终止
Vbretry	4	重试
Vbignore	5	忽略
Vbyes	6	是
Vbno	7	否

(5) 如果使用 MsgBox 函数时,给出了第一个和第三个参数,则必须给出完整的参数分隔符(两个逗号)。例如:

F = MsgBox("确定要删除程序吗", , "删除确认")

(6) 若不需要函数的返回值,则可以将 MsgBox 使用为语句形式,语法格式为:

MsgBox "提示"[,对话框类型[, "对话框标题"]]

去掉函数参数外围的圆括号即可。

5.3　本章教学案例

5.3.1　求绝对值和平方根

📖**案例描述**

在窗体上添加三个标签（Label1、Label2、Label3）、三个文本框（Text1、Text2、Text3）、一个命令按钮 Command1。编写适当的代码，程序运行时在 Text1 中输入一个整数，单击 Command1 在 Text2 中计算出该数的绝对值，在 Text3 中计算出该数的平方根。保存工程窗体为 VB05-01.vbp 和 VB05-01.frm。

💻**最终效果**

本案例的最终效果如图 5-4 所示。

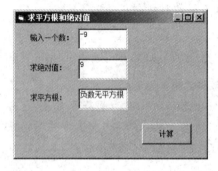

图 5-4　计算结果

✍**案例实现**

（1）新建工程和窗体，在窗体上添加控件，并设置控件的相应属性，效果如图 5-4 所示。

（2）编写如下程序代码：

```
Private Sub Command1_Click()
'单击命令按钮完成绝对值和平方根的计算并输出
    Dim x As Integer, y As Integer
    x = Text1.Text
    y = Abs(x)
    If x >= 0 Then
        z = Sqr(x)
    Else
        z = "负数无平方根"
    End If
    Text2 = y
    Text3 = z
End Sub
```

✍知识要点分析

(1) 求绝对值的函数为 Abs,求平方根的函数为 Sqr。

(2) 本例中涉及文本框的输入和输出,文本框中的数据为字符型,因系统能够进行强制类型转换,所以代码中未进行转换。当然在代码中用函数转换类型和系统强制转换后的输出效果还是有区别的。

5.3.2 符号、取整和四舍六入函数

📖案例描述

在窗体上添加 4 个标签(Label1、Label2、Label3、Label4)、4 个文本框(Text1、Text2、Text3 和 Text4)、一个命令按钮 Command1。编写适当的代码,程序运行时单击 Command1,弹出"输入"对话框,输入"－9.65"后单击"计算"命令按钮,程序运行结果如图 5-5 所示。保存工程窗体为 VB05-02. vbp 和 VB05-02. frm。

🖥最终效果

本案例的最终效果如图 5-5 所示。

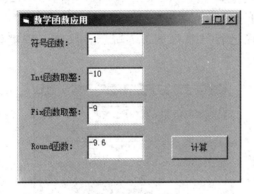

图 5-5   计算结果

✍案例实现

(1) 新建工程和窗体,在窗体上添加控件,并设置窗体和各个控件的相应属性,效果如图 5-5 所示。

(2) 编写如下程序代码:

```
Private Sub Command1_Click()
    Dim n
    n = Val(InputBox("请输入一个数", "输入", 0))
    Text1 = Sgn(n)
    Text2 = Int(n)
    Text3 = Fix(n)
    Text4 = Round(n, 1)
End Sub
```

(3) 程序运行时,单击"计算"命令按钮,弹出如图 5-6 所示的"输入"对话框,输入"－9.65",单击"确定"按钮后完成计算。

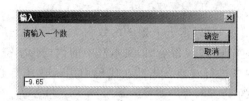

图 5-6 "输入"对话框

☎知识要点分析

（1）函数 InputBox 的返回值为字符型,因此要用 Val 函数转换为数值型后赋值给变量,进行数学运算。

（2）要特别注意 Round 函数和 Int 以及 Fix 函数的区别。

5.3.3 字符处理和输入函数

📖案例描述

在窗体上添加两个标签（Label1、Label2）、两个文本框（Text1、Text2）、一个命令按钮 Command1。编写适当的代码,程序运行时单击 Command1 弹出"输入"对话框,输入 "abcde123"后确定,程序运行结果如图 5-7 所示。保存工程窗体为 VB05-03.vbp 和 VB05-03.frm。

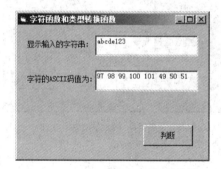

图 5-7 判断结果

🖥最终效果

本案例的最终效果如图 5-7 所示。

✍案例实现

（1）新建工程和窗体,在窗体上添加控件,并设置窗体和各个控件的相应属性,效果如图 5-7 所示。

（2）编写如下程序代码:

```
Private Sub Command1_Click()
Dim s As String
    s = InputBox("请输入字符串" + Chr(10) + "(输入英文字母或数字)", "输入")
Text1 = s
For i = 1 To Len(s)
  Text2 = Text2 & Asc(Mid(s, i, 1)) & " "
```

```
    Next
End Sub
```

（3）程序运行时，单击"判断"按钮，弹出如图5-8所示的对话框，输入"abcde123"后单击"确定"按钮，完成计算。

图5-8 "输入"对话框

☎知识要点分析

（1）函数 InputBox 参数的设定控制"输入"对话框的外观。

（2）For 循环实现截取字符串中的每个字符，并计算其 ASCII 码值输出。

（3）每次循环在 Text2 中输出的值都是在上次循环输出值上连接，而不是直接替换。

5.3.4 日期时间函数和输出函数

📖案例描述

在窗体上添加 6 个标签（Label1、Label2、…、Label6），5 个文本框（Text1、Text2、…、Text5），一个命令按钮 Command1。界面设计如图5-9所示。编写适当的代码，程序运行时单击"显示日期时间"命令按钮，则弹出消息对话框（如图5-10所示），单击"是"按钮后在相应的文本框中显示日期和时间信息，单击"否"按钮则结束程序的运行。保存工程窗体为 VB05-04. vbp 和 VB05-04. frm。

💻最终效果

本案例的最终效果如图5-9和图5-10所示。

图5-9 日期显示效果

图5-10 消息对话框

✎案例实现

（1）新建工程和窗体，在窗体上添加控件，并设置窗体和各个控件的相应属性，效果如图5-10所示。

（2）编写如下程序代码：

```
Private Sub Command1_Click()
    f = MsgBox("确定要显示日期时间面板吗?", vbYesNo + vbQuestion, "显示确认")
    If f = 6 Then
        Text1 = Year(Date)
        Text2 = Month(Date)
        Text3 = Day(Date)
        Text4 = Time
        Text5 = WeekdayName(Weekday(Date))
    Else
        End
    End If
End Sub
```

🔑知识要点分析

（1）函数 MsgBox 显示一个消息确认对话框，对话框显示的标题、内容以及命令按钮的形式由函数的参数控制。

（2）若函数 MsgBox 的返回值为 6 则表示在程序运行时，用户单击了"是"按钮，因此下面的代码便是显示时间面板的内容；否则结束程序的运行。

5.3.5 密码校验程序

📖案例描述

编写一个用户名和密码的简单校验程序。假定正确的用户名为"abc"，密码为"123456"，密码输入时在屏幕上不显示输入的字符，而以"*"代替。程序运行时，当输入的用户名和密码都正确时，效果如图 5-11 所示；当输入的用户名或密码错误时，效果如图 5-12 所示，当用户单击"重试"按钮时，清空用户名和密码文本框，并将光标定位在用户名文本框中，等待用户重新输入用户名和密码；当用户单击"取消"按钮时，效果如图 5-13 所示，结束程序。保存工程窗体为 VB05-05.vbp 和 VB05-05.frm。

📖最终效果

本案例的最终效果如图 5-11～图 5-13 所示。

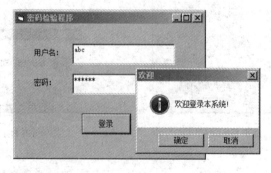

图 5-11　用户名和密码均正确的效果

图 5-12　用户名或密码错误的效果

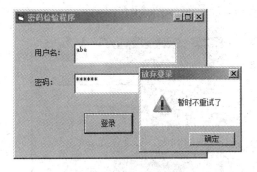

图 5-13　放弃登录效果

案例实现

（1）新建工程和窗体，在窗体上添加控件，并设置窗体和各个控件的相应属性，效果如图 5-11 所示。

（2）编写如下程序代码：

```
Private Sub Command1_Click()
Dim x As Integer
If Text1 = "abc" And Text2 = "123456" Then
    MsgBox "欢迎登录本系统!", 1 + 64, "欢迎"
Else
    x = MsgBox("用户名或密码错误!", 5 + 16, "输入错误")
    If x = 4 Then
      Text1 = ""
      Text2 = ""
      Text1.SetFocus
    Else
      MsgBox "暂时不重试了", 48, "放弃登录"
      End
    End If
End If
End Sub
```

知识要点分析

（1）MsgBox 用作语句和用作函数在语法上是有区别的，用作语句只是弹出一个消息框,而用作函数时就有函数的返回值了,一般该返回值决定后面程序的编写。

（2）本例中用到了 IF 分支语句的嵌套,实现很多种情况的选择。

5.4 本章课外实验

5.4.1 字符串截取

在窗体上添加两个标签（Label1、Label2）、两个文本框（Text1、Text2）、三个单选钮（Option1、Option2 和 Option3）。编写适当的代码,在 Text1 中输入"内蒙古财经大学",单击单选钮可以进行字符串的截取,截取的结果显示在 Text2 中,效果如图 5-14 所示。保存工程和窗体为 KSVB05-01.vbp 和 KSVB05-01.frm。

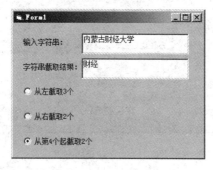

图 5-14　字符串截取效果

5.4.2 成绩等级判断

在窗体上添加两个标签（Label1、Label2）、两个文本框（Text1、Text2）、一个命令按钮。编写适当的代码,使程序运行时单击命令按钮,弹出"输入"对话框,输入成绩,要求输入的成绩是 0～100 之间的数,并根据输入的成绩判断等级,否则显示消息框,提示"输入错误,请重新输入!",如图 5-15 所示,单击"重试"按钮,重新输入成绩,单击"取消"按钮结束程序的运行。将输入的分数显示在 Text1 中,并在 Text2 中显示判断出的等级,最终效果如图 5-16 所示。保存工程和窗体为 KSVB05-02.vbp 和 KSVB05-02.frm。

图 5-15　错误提示效果

图 5-16　成绩判断结果

110

第 6 章　Visual Basic 数组与过程

本章说明

　　本章主要介绍数组的概念、声明、赋值及具体应用,介绍 Visual Basic 中的 Sub 过程与 Function 自定义函数概念,建立与调用的形式与格式要求,参数传递的形式与功能,以及主程序与 Sub 过程以及 Function 自定义函数调用、返回等具体的应用。

本章主要内容

➢ Visual Basic 数组。
➢ Visual Basic 过程使用。

📖本章拟解决的问题

（1）数组变量与简单变量区别是什么？

（2）为什么要在程序中引入数组这种数据结构？

（3）数组在实际程序中如何应用？其优点是什么？

（4）Sub 过程的概念与功能是什么？

（5）如何在程序中应用 Sub 过程？

（6）如何调用 Sub 过程？

（7）应用 Sub 过程的程序较传统结构的程序有哪些好处？

（8）Sub 过程与 Function 自定义函数有什么不同？

（9）Sub 过程与 Function 自定义函数的调用方式有什么不同？

（10）何为形参、实参？各自位于程序的哪部分？

（11）VB 中参数传递的形式与执行过程？

（12）参数传递在 Sub 过程与 Function 自定义函数中有何作用？

（13）按值传递与按地址传递格式有什么不同？

（14）使用数组数据结构常与哪种程序结构配合使用？

6.1 Visual Basic 数组

6.1.1 数组的概念

数组是一类特殊的变量，较适合处理大量的和比较复杂的数据。同时数组变量能够反映出变量元素之间的位置关系，例如一个班级学生的学号、姓名、成绩等，可以使用数组变量的行下标分别表示不同的学生，使用列下标表示对应学生的学号、姓名和成绩，这样就可以根据其数组元素行下标区别学生、列下标区别同一个学生的学号、姓名和成绩。比使用简单变量更加容易引用于处理大量的、复杂的数据。

数组是一组同类变量的集合，如果用 a 表示一个数组变量，则 $a(0)$、$a(1)$、$a(2)$ … 分别用来表示数组的不同元素，这些具有同一变量名、不同下标的下标变量集合就称为数组。

说明：

（1）数组名是数组变量的名称，它的命名和普通变量相同，符合 Visual Basic 的标识符规则。但需要注意，数组名不是一个单个变量，它代表一组变量。

（2）数组元素就是数组名代表的那一组变量，一般具有相同的名称和数据类型，用下标进行标识。数组的下标表示数组元素在数组中的位置，下标必须放在数组名之后的圆括号中。

（3）下标的个数决定数组的维数，有一个下标为一维数组，有两个或多个下标，称其为二维数组或多维数组。当有多个下标时，下标之间用半角逗号隔开。

（4）数组也遵循变量的先声明后使用的原则，声明数组就是要说明数组名、数组元素的数据类型、数组的维数以及每一维的上下界。上界指的是可使用下标的最大值，下界指的是可使用下标的最小值。

6.1.2 数组的声明

声明语句格式为：

Dim 数组名(下标[,…]) As 类型名称

功能：声明数组名，数组的维数、数组中可使用的数组元素的个数、数据类型。

数组定义格式及含义如表 6-1 所示。

表 6-1　数组定义格式及含义

定 义 格 式	含 义
Dim $a(3)$ As Integer	一维数组 a，从 $a(0)$ 到 $a(3)$ 有 4 个整型元素
Dim $b(1$ To $3)$ As Single	一维数组 b，从 $b(1)$ 到 $b(3)$ 有三个单精度型元素
Dim $c(2, 3)$ As String	二维数组 c，从 $c(0,0)$ 到 $c(2,3)$ 有 12 个字符型元素
Dim $d(2, -1$ To $2)$ As Long	二维数组 d，从 $d(0,-1)$ 到 $d(2,2)$ 有 12 个长整型元素
Dim $e(2$ To $4)$	一维数组 e，变体数据类型，从 $e(2)$ 到 $e(4)$ 有三个元素
Dim $f(2.5)$ As Integer	一维数组 f，从 $f(0)$ 到 $f(2)$ 有三个整型元素

说明：

（1）下标的格式为[下界 To 上界]，如果省略了下界，系统默认 0；或者在代码编辑窗口，单击对象下拉列表框选择"通用"，在声明段输入"Option Base 0|1"语句来确定数组下标默认的下界为 0 或为 1，这样声明后，本模块中用到的所有数组省略下界都取该默认下界。

（2）上下界必须是数值表达式，范围为 Long 数据类型内的整数值，若上下界为小数时，系统自动取整。

（3）数组中的所有元素具有相同的数据类型，但当数组被声明为变体型 Variant 时，数组中的元素可以有不同的数据类型。

6.1.3 数组的应用

数组的基本操作实质上是对数组元素进行的操作，包括对数组的赋值、引用、运算、输出和清除等。

1. 数组元素的赋值和输出

给数组元素赋值有三种方法：用赋值语句分别为每个数组元素赋值、Array 函数赋值和用循环赋值。数组元素值的输出可以直接用 Print 语句单个输出，更方便快捷的方法是用 For 循环输出。

方法 1：用赋值语句为单个元素赋值。

如果数组中元素的个数较少，可以用赋值语句像普通变量一样分别赋值。输出值也可像普通变量一样用 Print 语句输出。

例如：执行下列的赋值语句分别为数组元素赋值。

```
Private Sub Command1_Click()
Dim x(3) As Integer
x(0) = 10: x(1) = 20: x(2) = 30: x(3) = 40
Print x(0); x(1); x(2); x(3)
End Sub
```

这种方法为数组元素赋值的前提是数组元素的个数很少,否则将非常烦琐,而且很容易出错。

方法2:用 Array 函数为一维数组元素赋值。

用 Array 函数只能为一维数组的所有元素赋值。其格式为:

数组变量名= Array(数组元素值)

说明:

(1) 数组变量必须声明为 Variant 型,而且不指定下标。

(2) Array 函数的参数是数组元素的值,每个值之间用半角逗号隔开。

(3) 赋值后数组下标的下界取默认值0或者 Option Base 语句指定的默认值,上界由赋值数据的个数来决定。

(4) 用 LBound 和 UBound 函数可以测试数组变量下标的上下界。

LBound 和 UBound 函数的语法为:

LBound|UBound(数组名[,维数])

返回某一维下标的下界或上界,如果省略维数,默认第一维。

例如:通过 Array 函数为一维数组 x 赋值。

```
Private Sub Command1_Click()
Dim x
x = Array(10, 20, 30, 40, 50, 60, 70, 80)
Print LBound(x), UBound(x)
End Sub
```

程序运行后的结果为 0 和 7,表示数组 x 下标的下界为 0、上界为 7,共 8 个元素。

方法3:用 For 循环为数组元素赋值并输出。

当数组元素比较多,且赋值为有规律的数据、随机数或者键盘输入的数据时,这种方法是首选。由于 For 循环的循环变量具有按照步长自增或自减的特点,因此用它来动态地表示数组元素的下标,可以非常方便快捷地为数组元素赋值和输出。

2. 数组的清除

数组声明后,在其生存周期内,将长期占用相应的存储空间,直到程序运行结束,因此已经没用的数组如果不及时删除会造成存储空间的浪费。可使用 Erase 语句释放不需要的动态数组占用的存储空间。

语句格式:

Erase <数组名 1,数组名 2,…>

功能:对静态数组重新设置初始值,清除数组元素的值,释放动态数组的存储空间使其成为一个空数组。用 Dim 语句定义的数组就是动态数组,这里只讨论动态数组。

例如:Erase a,b,c

如果 a、b、c 是用 Dim 定义的动态数组,这条语句的功能就是释放 a、b、c 三个数组的内存空间。

6.2 Visual Basic 过程使用

在 Visual Basic 中过程分为两大类:Sub 过程和 Function 过程。把 Sub…End Sub 定义的过程称为子程序,把由 Function…End Function 定义的过程称为自定义函数。

6.2.1 Sub 过程的建立与调用

1. 建立格式

|Private||Public||Static|Sub 过程名(形参列表)
… [Exit Sub]
End Sub

2. 要点说明

(1) Sub 过程以 Sub 开头、End Sub 结束,之间是语句块,称为"过程体"或"子程序体"。格式中各参量的含义如下:

① Private:使用时表示只有本模块中的其他过程才可以调用该 Sub 过程。

② Public:使用时表示所有模块的所有其他过程可调用该 Sub 过程。

③ Static:指定过程中的局部变量在内存中的默认存储方式。如果使用了 Static,则在每次调用过程时,局部变量的值保持不变;如果省略了 Static,则在每次调用过程时,局部变量被初始化为 0 或空字符串。

④ 过程名:长度不超过 255 个字符的变量名。在 Sub 过程和 Function 过程中,变量名不能相同。

⑤ 形参列表:表示调用时传递给 Sub 过程的参数变量列表,多个列表之间用逗号隔开。

⑥ Exit Sub:在过程体中用于退出 Sub 过程。

Sub 过程可定义在窗体模块或标准模块中。

(2) 每个 Sub 过程必须有一个 End Sub 子句标识 Sub 过程的结束。当程序执行到 End Sub 时,将退出该过程,并立即返回到调用语句下面的语句。

(3) Sub 过程不能嵌套定义,可以嵌套调用。不能用 GoTo 语句进入或转出一个 Sub 过程,只能通过调用执行 Sub 过程。

3. 程序调用

Sub 过程可以通过下面两种方式调用。

（1）使用 Call 语句调用。

CALL ＜过程名＞**(实参列表)**

注意：参数列表中的括号不能省略。

（2）过程名作为一个语句。

＜过程名＞**实参列表**

注意：参数列表中不能加括号。

6.2.2 Function 过程

1. 建立格式

│**Private**││**Public**││**Static**│**Function** 函数名(形参列表)
…[**Exit Function**]
End Function

2. 要点说明

（1）Function 过程以 Function 开头、End Function 结束，之间是语句块，即函数体。格式中各参量的含义如下。

① Private、Public、Static、形参列表等项含义与 Sub 过程相同。

② Exit Function：从 Function 过程中退出。

（2）调用 Function 过程要返回一个值，格式为"过程名＝表达式"，因此可以像内部函数一样在程序中使用。

3. 程序调用

直接在表达式中调用。

变量名＝函数名(实参列表)
　　Print 函数名(实参列表)

6.2.3 参数传递

在调用一个过程时，必须把实际参数传送给过程中的形式参数。在参数传递时，实参和形参可以同名，也可以不同名，但在传递过程中，参数的类型、个数、顺序要保证一一对应，否则程序会出错。

在 Visual Basic 中，形参与实参的传递方式有两种，即值传递和地址传递。

1. 按值传递

Sub│Function＜过程名＞**(Byval**＜参数 1＞**, Byval**＜参数 2＞…**)**

说明：定义过程时用 Byval 关键字指出参数是按值传递的，即形参值在 Sub 过程或 Function 过程中的改变不会影响到主程序中实参的值。

2. 按地址传递

Sub|Function<过程名>(<参数1>,<参数2>...)

说明：按地址传递是在按值传递的基础上省略了Byval，是指将实参的地址传给形参，这样实参和形参共用相同的地址，即共享同一段内存，在被调过程中改变形参的值，则相应实参的值也被改变。

6.3 本章教学案例

6.3.1 For循环为一维数组赋值

📖案例描述

在窗体上添加一个命令按钮，将标题改为"赋值并输出"，用单层For循环把循环变量的值赋给一维数组$x(10)$并在窗体上输出，最后将窗体保存为VB06-01.frm，工程文件名为VB06-01.vbp。

🖥最终效果

本案例的最终效果如图6-1所示。

图6-1 一维数组赋值

✍案例实现

(1) 添加一个命令按钮，将Caption属性改为"赋值并输出"。

(2) 打开代码窗口，在Command1_Click()中编写如下代码：

```
Private Sub Command1_Click()
Dim x(10) As Integer, i As Integer
For i = 0 To 9
    x(i) = i
Next i
For i = 0 To 9
    Print x(i);
Next i
End Sub
```

知识要点分析

（1）x(i) = i 把循环变量的值赋给数组元素。

（2）Print x(i)；输出数组元素的值。

6.3.2 等级汇总

案例描述

在窗体上添加一个框架（Frame1）、4 个标签（Label1、Label2、Label3 和 Label4）、4 个文本框（Text1、Text2、Text3 和 Text4），设置文本框的文本对齐方式为居中对齐，再添加一个命令按钮 Command1。用 Array 函数给数组赋值，输入 20 个学生的成绩，统计不同等级的学生人数（90 分以上为优秀，80～90 分为良好，60～70 分为及格，60 分以下为不及格），最后将窗体保存为 VB06-02.frm，工程文件名为 VB06-02.vbp。

最终效果

本案例的最终效果如图 6-2 所示。

图 6-2 统计结果

案例实现

（1）在窗体上添加一个框架（Frame1）、4 个标签（Label1、Label2、Label3 和 Label4）、4 个文本框（Text1、Text2、Text3 和 Text4）、一个命令按钮 Command1，并按照效果图设置各控件的属性。

（2）程序代码如下：

```
Option Base 1
Private Sub Command1_Click()
Dim n
Dim i As Integer
Dim n1, n2, n3, n4
n = Array(98, 85, 65, 88, 90, 75, 80, 82, 70, 68, 73, 60, 92, 77, 86, 55, 79, 87, 50, 95)
For i = 1 To UBound(n)
  Select Case n(i)
     Case Is >= 90
        n1 = n1 + 1
     Case Is >= 80
        n2 = n2 + 1
     Case Is >= 60
```

```
                n3 = n3 + 1
        Case Else
                n4 = n4 + 1
        End Select
    Next i
    Text1 = n1
    Text2 = n2
    Text3 = n3
    Text4 = n4
End Sub
```

☞知识要点分析

(1) 要使用 Array 函数为一维数组 n 赋值,其数组变量必须声明为 Variant 型,而且不指定下标。$n1$,$n2$,$n3$,$n4$ 未定义数据类型,隐含其数据类型为变体型。

(2) 由于在程序的开始处采用 Option Base 1 说明了数组下标从 1 开始,因此,程序中循环从 1 开始。

(3) 循环语句中 UBound(n) 函数将自动计算数组的数据元素个数,确定循环的次数,避免了人为计数的麻烦,每次循环依次判断每个学生成绩的分类。

(4) 由于要将学生成绩分成 4 类,因此,采用多情况分支语句 Select Case…End Select 进行判断分类比较简单直观,并将每类统计结果分别放入 $n1$,$n2$,$n3$,$n4$ 四个变量。

6.3.3 数组求最大最小值

📖案例描述

在窗体上添加 3 个标签(Label1、Label2 和 Label3)、3 个文本框(Text1、Text2 和 Text3)、两个命令按钮(Command1 和 Command2)。程序运行后单击"计算"按钮,弹出 Inputbox 对话框输入 10 个数给数组元素赋值,并将赋的值在文本框 Text1 中输出,计算出最大值和最小值在文本框 Text2 和 Text3 输出。单击"退出"按钮结束程序运行,最后将窗体保存为 VB06-03.frm,工程文件名为 VB06-03.vbp。

🖥最终效果

本案例的最终效果如图 6-3 所示。

图 6-3 计算结果

案例实现

(1) 在窗体上添加 3 个标签(Label1、Label2 和 Label3)、3 个文本框(Text1、Text2 和 Text3)、两个命令按钮(Command1 和 Command2),并按照效果图设置各控件的属性。

(2) 程序代码如下:

```
Option Base 1
Private Sub Command1_Click()
Dim x(10) As Integer, max As Integer, min As Integer
For i = 1 To 10
    x(i) = Val(InputBox("为数组元素赋值"))
    Text1 = Text1 & x(i) & " "
Next i
max = x(1)
min = x(1)
For i = 2 To 10
    If max < x(i) Then max = x(i)
    If min > x(i) Then min = x(i)
Next i
Text2 = max
Text3 = min
End Sub
Private Sub Command2_Click()
End
End Sub
```

知识要点分析

找最大值和最小值的方法如下:

(1) 首先假设最大值 max 和最小值 min 都是数组的第一个元素。

(2) 然后用最大值和最小值依次和数组的其他 9 个元素进行比较。

(3) 如果比最大值大,那么把较大者重新赋值给 max。

(4) 如果比最小值小,则重新把较小者赋值给 min。

6.3.4 数组按直线法排序

案例描述

在窗体上添加两个标签(Label1、Label2)、两个文本框(Text1、Text2)、一个命令按钮(Command1),并按照效果图设置各控件的属性。程序运行后单击"产生数组并排序输出"命令按钮,产生 10 个 1~100 范围内的随机整数为数组元素赋值,并将赋的值在文本框 Text1 中输出,将这 10 个数据按直接排序法降序排列,并在文本框 Text2 中输出,最后将窗体保存为 VB06-04.frm,工程文件名为 VB06-04.vbp。

最终效果

本案例的最终效果如图 6-4 所示。

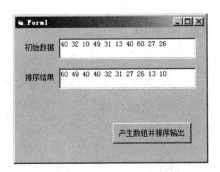

图 6-4 排序结果

案例实现

(1) 在窗体上添加两个标签(Label1、Label2)、两个文本框(Text1、Text2)、一个命令按钮(Command1),并按照效果图设置各控件的属性。

(2) 程序代码如下:

```
Private Sub Command1_Click()
Dim x(1 To 10) As Integer
For i = 1 To 10
    Randomize
    x(i) = Int(Rnd * 99) + 1
    Text1 = Text1 & x(i) & " "
Next i
For i = 1 To 9
    For j = i + 1 To 10
        If x(i) < x(j) Then
            m = x(i)
            x(i) = x(j)
            x(j) = m
        End If
    Next j
Next i
For i = 1 To 10
    Text2 = Text2 & x(i) & " "
Next i
End Sub
```

知识要点分析

排序的算法有多种,其中简单排序有两种方法:

(1) 直接排序法:将数组中的 $x(1)$ 依次与 $x(2)$、$x(3)$、$x(4)$…$x(10)$ 比较,如果 $x(1)$ 小于与它比较的数组元素,则将它们交换值,使得 $x(1)$ 中存放较大者;再将 $x(2)$ 依次与 $x(3)$～$x(10)$ 比较,根据比较的结果进行必要的交换,使得 $x(2)$ 存放次大者;以此类推,直到将前 9 个数分别比较并交换后,整个数组就完成了降序排列。

(2) 冒泡排序法:对数组中两两相邻的元素比较大小,将值较大的元素放在前面(降序),值较小的元素放在后面。一趟比较完成后,最小的数成为数组中的最后一个元素,其他数像气泡一样上浮一个位置,重复这个过程直到没有数据需要交换为止。

6.3.5　For 循环为二维数组赋值

📖**案例描述**

在窗体上添加一个命令按钮,将标题改为"赋值并输出",用二重 For 循环嵌套给二维数组元素赋值,数组元素所赋的值通过随机函数产生二位随机整数,最后将窗体保存为 VB06-05.frm,工程文件名为 VB06-05.vbp。

🖳**最终效果**

本案例的最终效果如图 6-5 所示。

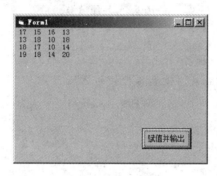

图 6-5　二维数组赋值

✍**案例实现**

(1) 添加一个命令按钮,将 Caption 属性改为"赋值并输出"。

(2) 打开代码窗口,在 Command1_Click() 中编写如下代码:

```
Private Sub Command1_Click()
Dim x(3, 3) As Integer
For i = 0 To 3
    For j = 0 To 3
        x(i, j) = Int((Rnd * 11) + 10)
    Next j
Next i
For i = 0 To 3
    For j = 0 To 3
        Print x(i, j);
    Next j
    Print
Next i
End Sub
```

☞**知识要点分析**

(1) Print x(i, j);输出数组元素。

(2) x(i, j) = Int((Rnd * 11) + 10)为 x 数组赋 10～20 之间的随机整数值。

6.3.6　二维数组主对角线

📖**案例描述**

随机生成一个 5 行 5 列的二维矩阵,用一个二维数组来存放,每个数组元素的值是一位随机正整数。

　　窗体上添加两个标签(Label1 和 Label2)、一个图片框 Picture1、一个文本框 Text1 和一个命令按钮 Command1,并将命令按钮的标题改为"输出并显示",程序运行后单击"输出并显示"按钮,二维矩阵显示在图片框中,并将二维矩阵主对角线上的元素显示在 Text1 文本框中,最后将窗体保存为 VB06-06.frm,工程文件名为 VB06-06.vbp。

　　🖳**最终效果**

　　本案例的最终效果如图 6-6 所示。

图 6-6　二维矩阵及主对角线输出结果

　　✍**案例实现**

　　(1) 在窗体上添加两个标签(Label1 和 Label2)、一个图片框 Picture1、一个文本框 Text1 和 1 个命令按钮 Command1,并将命令按钮的 Caption 属性改为"输出并显示"。

　　(2) 打开代码窗口,在 Command1_Click()中编写如下代码:

```
Private Sub Command1_Click()
Dim x(1 To 5, 1 To 5) As Integer
Dim i As Integer, j As Integer
For i = 1 To 5
    For j = 1 To 5
        Randomize
        x(i, j) = Int(Rnd * 9) + 1
        Picture1.Print x(i, j);
    Next j
    Picture1.Print
Next i
For i = 1 To 5
    For j = 1 To 5
        If i = j Then
            Text1 = Text1 & x(i, j) & " "
        End If
    Next j
Next i
End Sub
```

　　☜**知识要点分析**

　　(1) 5 行 5 列的矩阵,用二维数组来处理非常方便,矩阵中的每个数据对应二维数组的一个元素。二维数组元素的赋值需要 For…Next 循环嵌套来完成。

　　(2) 每个数组元素的值可以通过随机数函数来生成。用表达式 Int(Rnd * 9) + 1

生成一位整数。

（3）通过 i = j 判断是否是主对角线元素,通过语句 Text1 = Text1 & x(i, j) & " " 将主对角线元素显示在文本框中。

6.3.7　二维矩阵中查找最大数所在行列

📖案例描述

在窗体上添加 4 个标签(Label1、Label2、Label3 和 Label4)、4 个文本框(Text1、Text2、Text3 和 Text4)、1 个命令按钮,随机产生一个 5 行 5 列的一位整数的二维矩阵。编写适当的代码,程序运行时单击命令按钮,在 Text1 中显示矩阵内容,在 Text2 中显示矩阵中的最大元素值,在 Text3 中显示最大元素所在的行,在 Text4 中显示最大元素所在的列,最后将窗体保存为 VB06-07. frm,工程文件名为 VB06-07. vbp。

🖥最终效果

本案例的最终效果如图 6-7 所示。

图 6-7　最大值所在行列统计

✍案例实现

（1）在窗体上添加 4 个标签(Label1、Label2、Label3 和 Label4)、4 个文本框(Text1、Text2、Text3 和 Text4)、一个命令按钮 Command1,并按照效果图设置各控件的属性。

（2）打开代码窗口,在 Command1_Click()中编写如下代码:

```
Private Sub Command1_Click()
Dim L As Integer, C As Integer
Dim x(1 To 5, 1 To 5) As Integer, MAX As Integer
Dim i As Integer, j As Integer
For i = 1 To 5
    For j = 1 To 5
        Randomize
        x(i, j) = Int(Rnd * 9) + 1
        Text1 = Text1 & x(i, j) & " "
    Next j
    Text1 = Text1 & vbCrLf
Next i
MAX = x(1, 1)
For i = 1 To 5
    For j = 1 To 5
```

Visual Basic数组与过程

```
        If MAX < x(i, j) Then
            MAX = x(i, j)
            C = i
            L = j
        End If
    Next j
Next i
Text2 = MAX
Text3 = C
Text4 = L
End Sub
```

📖知识要点分析

(1) Text1 = Text1 & x(i, j) & " "在文本框中显示二维矩阵。

(2) Text1 = Text1 & vbCrLf 的作用是在文本框中一行结束后换行。

(3) If MAX < x(i, j) Then 判断是否为最大数。

6.3.8 Sub 过程调用

📖案例描述

在窗体上添加一个标签(Label1)、一个文本框(Text1)、两个命令按钮(Command1 和 Command2),并按照效果图设置各控件的属性。编写适当的代码,程序运行时单击"面积"或"周长"命令按钮,可弹出输入对话框接收用户输入的半径,通过 Sub 过程调用,计算圆的面积和周长,将计算结果在 Text1 中显示,最后将窗体保存为 VB06-08.frm,工程文件名为 VB06-08.vbp。

📖最终效果

本案例的最终效果如图 6-8 和图 6-9 所示。

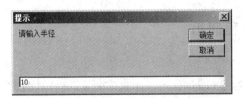

图 6-8　输入对话框

图 6-9　面积计算结果

✍案例实现

（1）在窗体上添加一个标签（Label1）、一个文本框（Text1）、两个命令按钮（Command1 和 Command2），并按照效果图设置各控件的属性。

（2）程序代码如下：

```
Private Sub Command1_Click()
Dim r As Double
r = InputBox("请输入半径", "提示")
Call mj(r)
End Sub

Private Sub Command2_Click()
Dim r As Double
r = InputBox("请输入半径", "提示")
zc r
End Sub
Public Sub zc(K As Double)
T = 2 * 3.14159 * K
Form1.Text1.Text = T
End Sub

Public Sub mj(K As Double)
s = 3.14159 * K ^ 2
Form1.Text1.Text = s
End Sub
```

☞知识要点分析

Sub 程序调用的两种格式如下：

（1）Call mj(r)调用时括号不能省略。

（2）zc r 调用时括号省略。

6.3.9　Function 过程调用

📖案例描述

在窗体上添加一个标签（Label1）、一个文本框（Text1）、两个命令按钮（Command1 和 Command2），并按照效果图设置各控件的属性。编写适当的代码，程序运行时单击"面积"或"周长"命令按钮，可弹出输入对话框接收用户输入的半径，通过 Function 过程调用，计算圆的面积和周长，将面积计算结果在 Text1 中显示，周长计算结果在窗体上显示，最后将窗体保存为 VB06-09.frm，工程文件名为 VB06-09.vbp。

🖥最终效果

本案例的最终效果如图 6-10 和图 6-11 所示。

图 6-10　输入对话框

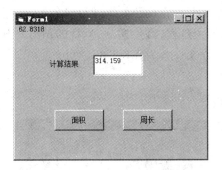

图 6-11 面积和周长计算结果

案例实现

(1) 在窗体上添加一个标签(Label1)、一个文本框(Text1)、两个命令按钮(Command1 和 Command2),并按照效果图设置各控件的属性。

(2) 程序代码如下:

```
Private Sub Command1_Click()
Dim r As Double
r = InputBox("请输入半径", "提示")
S = mj(r)
Text1.Text = S
'也可通过这种形式调用：Text1.Text = mj(r)
End Sub

Private Sub Command2_Click()
Dim r As Double
r = InputBox("请输入半径", "提示")
Print zc(r)
End Sub
Public Function zc(K As Double)
T = 2 * 3.14159 * K
zc = T
End Function

Public Function mj(K As Double)
S = 3.14159 * K ^ 2
mj = S
End Function
```

知识要点分析

(1) S = mj(r)调用时括号不能省略。

(2) 调用 Function 过程要返回一个值,格式为:函数名=值或表达式,例如,mj=S。

6.3.10 参数传递

案例描述

在窗体上添加两个标签(Label1 和 Label2)、两个文本框(Text1 和 Text2)、两个命令按钮(Command1 和 Command2),并按照效果图设置各控件的属性。编写适当的代码,通过按值传递和按地址传递调用过程,将传递后 A、B 的值分别显示在文本框中,最后将窗体保存为 VB06-10. frm,工程文件名为 VB06-10. vbp。

🖥最终效果

本案例的最终效果如图 6-12 所示。

图 6-12　按地址传递结果

✍案例实现

(1) 在窗体上添加两个标签(Label1 和 Label2)、两个文本框(Text1 和 Text2)、两个命令按钮(Command1 和 Command2),并按照效果图设置各控件的属性。

(2) 程序代码如下:

```
Private Sub Command1_Click()
Dim A As Integer
A = 100
B = 200
Call abc1(A, B)
Text1. Text = A
Text2. Text = B
End Sub


Private Sub Command2_Click()
Dim A As Integer, B As Integer
A = 100
B = 200
abc2 A, B
Text1. Text = A
Text2. Text = B
End Sub


Public Sub abc1(ByVal x As Integer, ByVal y)
x = 800
y = 900
End Sub


Public Sub abc2(x As Integer, y As Integer)
x = 800
y = 900
End Sub
```

☞知识要点分析

在 Visual Basic 中,形参与实参的传递方式有两种,即值传递和地址传递。

(1) 按值传递:传递后 A 和 B 的值不会发生变化。

(2) 按地址传递:传递后 A 和 B 的值会发生变化。

第一个过程 Public Sub abc1(ByVal x As Integer, ByVal y)是按值传递,故将主程序 A、B 变量的值 100、200 传给过程体中的变量 X、Y,在过程体内变量 X、Y 重新赋值 800、900,返回主程序 A、B 仍保持原来的 100、200,因此,最后输出的是 100、200。

第二个过程 Public Sub abc2(x As Integer, y As Integer),由于未说明按值传递,因此,是按地址传递。进入过程后,变量 A 与 X 指向同一存储地址,变量 B 与 Y 指向同一地址,当在过程体内将变量 X、Y 的值重新赋值 800、900 时,主程序中的变量 A、B 的值也随之变为 800、900,所以最后显示的是 800、900。

由于两段程序采用的实参与形参传递方式不同,因此,相同的程序最后输出的结果却不同,应根据实际需要选择不同的参数传递形式。

在第一个程序中,只说明了变量 A,未说明变量 B,因此,在第一个过程中的形参说明中变量 Y 也未说明具体类型,其目的是保持类型一致,一一对应。

第一个程序采用了 Call abc1(A, B)调用语句,第二个程序中采用了 abc2 A, B 的调用格式,其功能相同,但格式不同,要注意区别。

6.3.11 显示 10~100 的所有素数

📖案例描述

在窗体上添加一个文本框(Text1)、一个命令按钮(Command1),并按照效果图设置各控件的属性。编写适当的代码,程序运行时单击"显示所有素数"命令按钮,即可将 10~100 之间的所有素数显示在文本框中,最后将窗体保存为 VB06-11.frm,工程文件名为 VB06-11.vbp。

其中,判断素数的程序通过自定义函数 ss 实现,若是素数则自定义函数 ss(i)返回 True,否则返回 False。

所谓素数也称为质数,是指只能被 1 或该数本身整除的数,否则为非素数。例如 7 是素数,而 9 是非素数。

🖥最终效果

本案例的最终效果如图 6-13 所示。

图 6-13 素数显示结果

案例实现

（1）在窗体上添加一个文本框（Text1）、一个命令按钮（Command1），并按照效果图设置各控件的属性。

（2）程序代码如下：

```
Private Sub Command1_Click()
Dim i As Integer
For i = 10 To 100
    If ss(i) = True Then
        Text1.Text = Text1.Text & i & " "
    End If
Next
End Sub
Public Function ss(n As Integer)
Dim bj As Boolean
bj = True
For i = 2 To n − 1
    If n Mod i = 0 Then
        bj = False
        Exit For
    End If
Next
ss = bj
End Function
```

知识要点分析

（1）在自定义函数程序结构中，通过简单变量 i 控制循环从 $10\sim100$，每循环一次，调用自定义函数 $ss(i)$，判断 i 是否是素数，若返回 True 则在文本框中输出 i 的值，否则继续循环直到循环变量变为 100。

（2）在调用自定义函数时，采用按地址传递方式，将实参 i 传递给形参 n，在自定义函数中引用了一个逻辑型变量 bj，若 n 能够被 $2\sim n-1$ 中的任何一个数整除，则为 bj 赋值 False，退出自定义函数并返回主程序；否则，若 n 不能被 $2\sim n-1$ 中的所有数整除，则为 bj 赋值 True 并返回主程序。

（3）自定义函数程序结构的好处在于在需要其功能的地方直接调用函数即可，结构灵活、简洁、高效，是一种很好的程序结构。

（4）由于查找到的素数在文本框中一行显示不下，因此，应将文本框的 MultiLine 属性设置为 True；否则只能在文本框中看到一行结果。

6.4 本章课外实验

6.4.1 随机函数排序

在窗体上添加两个标签（Label1、Label2）、两个文本框（Text1、Text2）、一个命令按钮（Command1），并按照图 6-14 设置各控件的属性。程序运行后单击"产生数组并排序输出"命令按钮,产生 10 个 1～100 范围内的随机整数为数组元素赋值,并将赋的值在文本框 Text1 中输出,将这 10 个数据按冒泡法降序排列,并在文本框 Text2 中输出,最后将窗体保存为 KSVB06-01.frm,工程文件名为 KSVB06-01.vbp。

图 6-14　排序结果

6.4.2　二维矩阵次对角线之和

随机生成一个 5 行 5 列的二维矩阵,用一个二维数组来存放,每个数组元素的值是一位随机正整数。

在窗体上添加两个标签(Label1 和 Label2)、一个图片框(Picture1)、一个文本框(Text1)和一个命令按钮(Command1),并按照图 6-15 设置各控件的属性。程序运行后单击"输出并计算"按钮,二维矩阵显示在图片框中,并将二维矩阵次对角线上的元素求和,将求和结果显示在 Text1 文本框中,最后将窗体保存为 KSVB06-02.frm,工程文件名为 KSVB06-02.vbp。

图 6-15　二维矩阵次对角线元素和

6.4.3　随机数与一维数组

在窗体上添加两个标签(Label1 和 Label2)、两个文本框(Text1 和 Text2)、一个命令按钮(Command1),并按照图 6-16 设置各控件的属性。编写适当的代码,程序运行时单击命令按钮,随机产生 10 个两位整数的一维数组,将一维数组的内容在 Text1 中显示,并将该数组中能被 3 或 5 整除的数组元素在 Text2 中显示,其中,是否能够被 3 或 5 整除采用自定义函数判断,最后将窗体保存为 KSVB06-03.frm,工程文件名为 KSVB06-03.vbp。

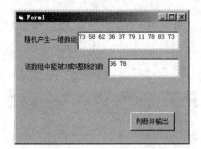

图 6-16　判断结果

6.4.4　输出由"＊"组成的三角形

如图 6-17 所示,在窗体上输出一个由用户指定符号组成的直角三角形。在主程序中由用户输入组成三角形的字符与行数,通过定义过程实现输出直角三角形。

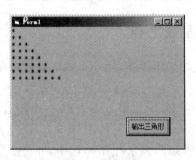

图 6-17　图形效果

在窗体上添加一个命令按钮,并将其标题改为"输出三角形"。程序运行后单击"输出三角形"按钮,三角形直接显示在窗体中,最后将窗体保存为 KSVB06-04.frm,工程文件名为 KSVB06-04.vbp。

6.4.5　计算 1！＋2！＋3！＋…＋10！

在窗体上添加一个标签(Label1)、一个文本框(Text1)、一个命令按钮(Command1),并按照图 6-18 设置各控件的属性。编写适当的代码,程序运行时单击命令按钮,求 1！＋2！＋3！＋…＋10！,最后将窗体保存为 KSVB06-05.frm,工程文件名为 KSVB06-05.vbp。

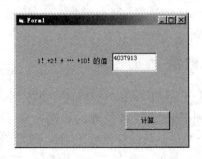

图 6-18　计算结果

第7章　文件读写

本章说明

　　程序设计时,可以将数据存储在变量或数组中,但这样的数据并不能长期保存,在退出应用程序时,变量和数组会释放所占用的存储空间。若要长期保存数据,需要将其存储在文件或数据库中。本章着重介绍数据文件的读写访问技术。

本章主要内容

- ➢ 文件概述。
- ➢ 顺序文件。
- ➢ 随机文件。
- ➢ 文件函数和文件系统控件。

📖 **本章拟解决的问题**

（1）什么是文件？

（2）文件中存储什么内容？

（3）顺序文件和随机文件有什么区别？

（4）如何读写顺序文件？

（5）如何读写随机文件？

（6）顺序文件和随机文件的读写方式有何区别？

（7）如何在顺序文件中查找数据？

（8）如何在随机文件中查找数据？

（9）如何使用文件系统控件查找指定路径下的文件？

（10）如何利用通用对话框打开、保存文件？

（11）如何利用通用对话框设置颜色、字体等？

7.1 文件概述

文件是存储在外存储器上的用文件名标识的数据的集合。操作系统是以文件为单位对数据进行管理的，文件名是文件处理的依据。要读写文件，首先需要确定该文件是否存在。

7.1.1 基本概念

文件中的数据是以特定的方式存储的，这种特定的方式称为文件的结构。只有按照文件结构去存取数据，才能有效地对文件进行访问。以下是几个关于文件的概念：

1. 字符

字符是数据的最小单位。单一数字、字母、标点符号或其他特殊符号都是字符，一个汉字占两个字符位。

2. 域或字段

域是指由几个字符组成的一项数据，如学生信息可以包括学号、姓名、性别域等。

3. 记录

记录由一组相关的域组成，如一个学生信息可以构成一条记录，包括学号、姓名、性别域等，如图 7-1 所示。

图 7-1 学生信息记录

4. 文件

文件由一条或多条记录组成。例如一个班级的每位学生是一条记录,所有学生的数据记录构成一个文件。

7.1.2 文件分类

在计算机系统中,按访问模式对文件进行分类,可以分为顺序文件、随机文件和二进制文件。

1. 顺序文件

顺序文件对文件的访问是按顺序进行的,对文件进行读和写操作时都是按从头到尾的顺序进行的。顺序文件的优点是结构简单、访问方便;缺点是必须按顺序对文件进行访问,查找效率低,不能同时进行读、写操作。

2. 随机文件

随机文件是由相同长度的记录集合组成的,适用于读写有固定长度记录结构的文本文件或二进制文件。

3. 二进制文件

二进制文件由一系列字节所组成,没有固定的格式,允许程序直接访问各个字节数据,也允许程序按所需的任何方式组织和访问数据。

7.1.3 文件读/写

在 Visual Basic 中,处理数据文件的基本步骤为:首先打开文件,其次进行读写操作,最后关闭文件。

1. 打开文件

系统为每个打开的文件在内存中开辟一块专用的存储区域,称为文件缓冲区。每一个文件缓冲区单独编号,称为文件号。文件号就代表文件,因此必须唯一。

2. 读写操作

文件的操作主要有两类,一类是读操作,将数据从文件(存储在外存中)读入到变量(内存)中供程序使用;另一类是写操作,将数据从变量(内存)写入文件(存放到外存)。

3. 关闭文件

不论对文件进行何种操作,操作结束之后一定要关闭文件,以防止数据丢失。

7.2 顺序文件

顺序文件即文本文件,其中的记录按顺序排列,读取时必须按顺序逐个进行。顺序文件无法灵活地存取和增减数据,适合存储不经常修改的数据。

7.2.1 打开文件

在操作文件之前,必须打开文件,同时告知操作系统对文件是进行读操作还是写操作,在 Visual Basic 中用 Open 语句打开文件,其格式为:

Open 文件名[for 打开方式] As [#]文件号

(1) 打开方式包括 3 种情况。

① Output:把数据写入文件,若"文件名"文件不存在则创建该文件,否则覆盖原文件。

② Append:追加数据到文件末尾,若"文件名"文件不存在则创建该文件。

③ Input:从文件中读取数据,"文件名"文件若不存在,则会出错。

(2) 文件号为 1~512 的整数,文件号必须唯一。

例如要打开 C:\ 下的 Test. txt 文件,并从中读数据到内存,指定文件号为 1,语句为:

Open "C:\ Test. txt" for Input As 1   '指定文件号为 1,打开方式为 Input

不论对顺序文件进行读操作还是写操作,打开文件都是使用 Open 语句,利用打开方式区分是何种操作。

7.2.2 写文件

将数据写入顺序文件使用的是 Write # 或 Print # 语句:

1. Print # 语句

语句格式为:

Print # 文件号,[表达式列表]

说明:

(1) 表达式列表由一个或多个数值或字符串表达式组成;

(2) 多个表达式之间可用分号或逗号隔开;

(3) 如果没有表达式列表则插入一个空行;

(4) 写入文件的表达式值用空格或制表位分隔,也可以没有分隔符号。

例如:

a=100
Print #1,a,"高军",#2013/8/10#

写入文件的一行数据为: 100   高军   2013/8/10。

2. Write ♯ 语句

语句格式为：

Write ♯ 文件号,[表达式列表]

说明：

(1) 表达式列表间可用分号或逗号隔开,如果没有表达式列表则插入一个空行；

(2) 写入文件的表达式值间用逗号分隔并以紧凑格式存放数据,并在字符串或日期等类型值两端加上双引号或"♯"等类型分隔符。

例如：

a＝100
Print ♯1,a,"高军",♯2013/8/10♯

写入文件的一行数据为：100,"高军",♯2013-08-10♯。

(3) 顺序文件是文本文件,因此各种类型的数据写入文件时都被自动转换成字符串。

7.2.3 读文件

读文件使用的是 Input♯ 和 Line input♯ 语句,但为了防止出现读文件尾等异常也常结合 EOF()等函数使用。

1. Input♯ 语句

语句格式为：

Input ♯ 文件号,变量列表

说明：

(1) 该命令从文件中读取数据并赋值给指定类型的变量。

(2) 当需要按写入文件时的数据类型从文件中读取数据时,使用该命令形式。

(3) 为了能够用 Input♯ 将文件中的数据正确地读出,要求在写入文件时使用 Write♯ 语句,不能使用 Print♯ 语句,因为 Write♯ 语句能够将各个数据项正确地区分开。

例如,写入文件时使用"Write♯1, 130101, "高军", 79",将"130101, "高军", 79"字符行写入文件中,使用 Input♯ 读出该行数据时语句为：

Dim SNo As Long, SName As String, Sscore As Single
Input ♯1, SNo, SName, Sscore

需要注意的是,读出时变量的数据类型需要与写入时保持一致。

2. Line input♯ 语句

语句格式为：

Line input ♯ 文件号,字符串变量名

说明：

（1）可以从文件中按行读出数据，赋值给指定的字符串变量。

（2）可以读出除了数据行中的回车符和换行符之外的所有字符。

7.2.4　关闭文件

对文件的读写操作完成后，必须将文件关闭，以免出现数据丢失。关闭文件语句格式如下：

Close [[[＃]文件号][,[＃]文件号]…]

说明：

（1）Close ＃1，＃2语句的作用是关闭1号和2号文件。

（2）如果省略了文件号，是关闭当前所有打开的文件。

7.3　随机文件

随机文件是由若干长度相同的记录组成的，每条记录由记录号标识。存取文件时不必考虑记录的先后顺序和位置，可以根据需要访问任意一个记录。访问随机文件的基本步骤如下。

（1）定义记录类型及变量。

（2）打开随机文件。

（3）读写随机文件中的记录。

（4）关闭随机文件。

7.3.1　定义记录类型

通过 Type…End Type 定义记录类型，例如要定义一个学生的成绩记录：

```
Type StuType
    Sno As String ＊ 4          '学号长度为 4
    Sname   As String ＊ 10      '姓名长度为 10
    Sscore  As Single           '成绩长度为 4
End Type
```

说明：

（1）其中学号、姓名、成绩相当于数据库表中的字段，一般在窗体模块的通用部分或在标准模块中进行定义。

（2）如果要存取该类型的数据，需要定义相应的变量，例如：

Dim Stu As StuType

7.3.2　打开和关闭文件

使用 Open 语句打开随机文件，格式如下：

Open 文件名[for Random] As [♯]文件号[len＝记录长度]

说明：

（1）可以使用 Random 方式打开随机文件，它是默认的访问类型。随机文件打开后，可以同时进行读和写操作。在打开时要指明记录长度，若不指明，默认值为 128 字节。

（2）随机文件的关闭与顺序文件一样，使用 Close 语句。

7.3.3　写文件

打开随机文件后，可以进行写文件操作。语句格式为：

Put [♯]文件号,[记录号],变量名

说明：

使用 Put ♯语句将变量的内容写入文件中指定的记录号位置处，进行记录的添加或替换。

7.3.4　读文件

打开随机文件后，可以将文件数据读出到变量中，所使用的变量类型必须与建立文件时所用的数据类型一致，语句格式为：

Get [♯]文件号,[记录号],变量名

7.4　文件函数和文件系统控件

除了能够使用基本的 Open ♯或 Write♯等语句打开并读写文件外，还需要掌握一些常用的文件函数和文件系统控件，使文件操作更简单、更直观。

7.4.1　文件函数

文件读写操作过程中经常使用一些函数，下面介绍 4 个常用的文件函数。

1. EOF(文件号)函数

EOF 函数判断是否到达文件尾，若到达文件尾，返回值为 True，否则返回值为 False。使用该函数可以避免试图读文件尾时产生的异常。

2. LOC(文件号)函数

在随机文件中返回当前记录的记录号。

3. LOF(文件号)函数

该函数返回文件的字节数，即文件的大小。在随机文件中，用文件的大小除以单个记录的大小，可以得到文件的记录总个数。

4．App．Path

App 是一个对象，指应用程序本身，Path 是路径。App．Path 是指应用程序所在的路径。程序设计时，如果希望打开或创建应用程序所在目录下的文件，可以使用 App．Path。例如：

Open App．Path & "\f1．txt" For Output As ♯1 '打开应用程序所在目录下的 f1．txt 文件

7．4．2　文件系统控件

在 Visual Basic 中，文件系统控件（图 7-2）使用户能在应用程序中检索可用的磁盘文件。用户可以使用由 CommonDialog 控件提供的通用对话框，或者使用 DriveListBox（驱动器列表框）、DirListBox（目录列表框）和 FileListBox（文件列表框）这三种特殊控件的组合，对文件进行访问。

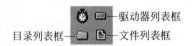

图 7-2　文件系统控件

1．驱动器列表框

驱动器列表框是下拉式列表框，在缺省时显示当前驱动器。当该控件获得焦点时，可选择任何有效的驱动器标识符，代码中通过 Drive1．Drive 获取驱动器。

2．目录列表框

目录列表框主要是返回选中驱动器的目录所在的路径，代码中通过 Dir1．Path 获取路径。

3．文件列表框

文件列表框主要是返回选中路径下的文件，主要有下列用法。

（1）返回文件列表的路径通过 File1．Path 实现。

（2）返回文件列表中选中的文件通过 File1．Filename 实现。

（3）刷新文件列表的方法通过 File1．Refresh 实现。

（4）设置文件是否可以多重选择通过 File1．Multiselect 实现。

（5）设置文件的类型通过 File1．Pattern 实现。

4．通用对话框

通用对话框 CommonDialog 控件提供一组标准的操作对话框，可以显示"打开"、"另存为"、"颜色"、"字体"、"打印"等常用对话框，在运行时不可见。

（1）通用对话框的添加。

在工具箱上单击鼠标右键，在快捷菜单中选择"部件"命令会打开"部件"对话框。在

对话框中选择 Microsoft Common Dialog Control 6.0 控件，如图 7-3 所示，单击"确定"按
钮之后会在工具箱中出现"通用对话框"按钮 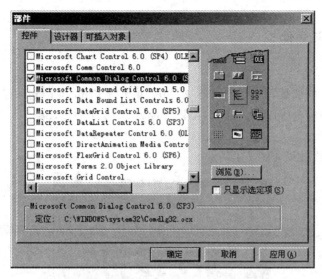 。

图 7-3　"部件"对话框

（2）通用对话框的 Action 属性值。

通用对话框主要通过属性 Action 的取值来设置打开对话框的类型，Action 属性取值
及含义如表 7-1 所示。

表 7-1　Action 值及含义

Action 值	控 件 方 法	含　　义
1	Showopen	打开
2	Showsave	保存
3	Showcolor	颜色
4	Showfont	字体
5	Showprinter	打印

（3）通用对话框的基本属性及含义如表 7-2 所示。

表 7-2　通用对话框的基本属性及含义

属　　性	含　　义
Dialogtitle	对话框标题
Filename	设置对话框中的文件名初值，也可返回用户选中的文件
Initdir	设置默认路径
Filter	设置文件类型
Filterindex	设置显示文件类型的缺省类型

7.5 本章教学案例

7.5.1 写顺序文件

📖 **案例描述**

将 1～100 中的偶数写入到 f1. txt 文件中,并比较 Print # 语句与 Write # 语句的区别,最后将窗体保存为 VB07-01. frm,工程文件名为 VB07-01. vbp。

📑 **最终效果**

本案例的最终效果如图 7-4 所示。

图 7-4 写顺序文件

✍ **案例实现**

(1) 界面设计如图 7-4 所示。

(2) 程序代码如下:

```
Private Sub Command1_Click()
Open App. Path & "\f1. txt" For Output As #1
For i = 1 To 100
    If i Mod 2 = 0 Then
        'Print #1, i                '换行写入文件
        'Write #1, i                '换行写入文件与 Print #1, i 没有本质的区别
        'Print #1, i;               '不换行写入文件,数据间用空格分隔
        Write #1, i;                '不换行写入文件,数据间用逗号分隔
    End If
Next
Close #1
End Sub
```

🖭 **知识要点分析**

(1) 程序首先使用 Open 语句打开 f1. txt 文件,设置文件号为 1。

(2) 在 Open 语句中使用了 App. Path & "\f1. txt",将 f1. txt 创建在当前应用程序所在的目录下。

(3) For 循环查找 1～100 中的偶数,将其写进文件中。

(4) Print # 语句和 Write # 语句以逗号或分号结尾,数据不换行写入文件中,文件中数据用逗号或空格分隔；否则是换行写入文件中。

（5）文件写操作完成后，用 Close 语句关闭文件。

7.5.2 追加顺序文件

📖案例描述

将 1～100 中的奇数追加到存储在当前应用程序目录下的 f1.txt 文件中，最后将窗体保存为 VB07-02.frm，工程文件名为 VB07-02.vbp。

💻最终效果

本案例的最终效果如图 7-5 所示。

图 7-5 追加顺序文件

✍案例实现

（1）界面设计如图 7-5 所示。

（2）程序代码如下：

```
Private Sub Command1_Click()
Open App.Path & "\f1.txt" For Append As #1
For i = 1 To 100
    If i Mod 2 <> 0 Then
    Write #1, i;
    End If
Next
Close #1
End Sub
```

📑知识要点分析

（1）向当前目录下的 f1.txt 文件中追加数据，首先要将文件打开。

（2）由于是追加数据，因此 Open 语句的打开方式是 Append 方式。

7.5.3 读顺序文件并做奇偶统计

📖案例描述

从 f2.txt 中读取数据，求出其中的奇数个数、偶数个数、奇数和、偶数和，最后将窗体保存为 VB07-03.frm，工程文件名为 VB07-03.vbp。f2.txt 文件中的数据如图 7-6 所示。

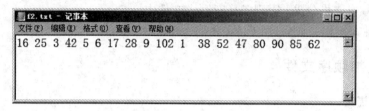

图 7-6　f2. txt 文件

最终效果

本案例的最终效果如图 7-7 所示。

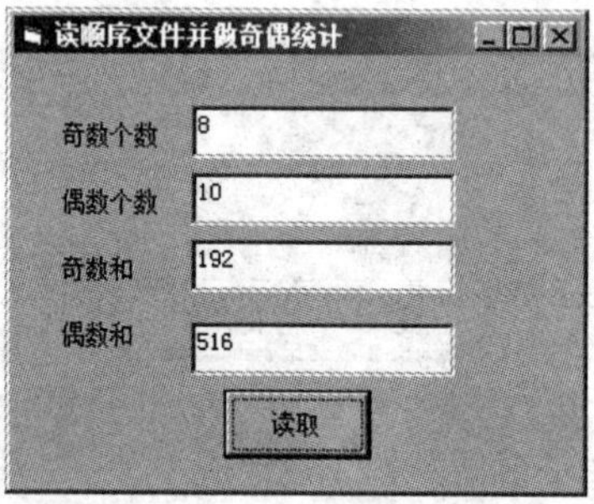

图 7-7　读顺序文件并做奇偶统计

案例实现

(1) 界面设计如图 7-7 所示。

(2) 程序代码如下：

```
Private Sub Command1_Click()
Dim n As Integer, cnt1 As Integer, cnt2 As Integer, s1 As Integer, s2 As Integer
Open App. Path & "\f2. txt" For Input As #2
Do While Not EOF(2)
    Input #2, n
    If n Mod 2 = 0 Then
        cnt2 = cnt2 + 1          '偶数个数统计
        s2 = s2 + n              '偶数和统计
    Else
        cnt1 = cnt1 + 1
        s1 = s1 + n
    End If
Loop
Text1. Text = cnt1
Text2. Text = cnt2
Text3. Text = s1
Text4. Text = s2
Close #2
End Sub
```

知识要点分析

(1) 利用 Do While 循环，使用 Input #语句顺序读出 f2. txt 中的数据，每读出一个

144

做一次奇偶判断。

（2）EOF()函数初始为 False,直到读到了文件尾,取值为真,循环结束。

7.5.4 写顺序文件并求素数

📖案例描述

将 2～100 中的素数写入文本框和顺序文件 f3.txt 中,判断一个数是否是素数,用自定义函数实现,最后将窗体保存为 VB07-04.frm,工程文件名为 VB07-04.vbp。

🖳最终效果

本案例的最终效果如图 7-8 所示。

图 7-8 判断素数

✍案例实现

（1）界面设计如图 7-8 所示。

（2）程序代码如下:

```
Public Function ss(n As Integer) As Boolean  '判断素数函数
Dim i As Integer, flag As Boolean
flag = True
For i = 2 To Sqr(n)
  If n Mod i = 0 Then
    flag = False
    Exit For
  End If
Next
ss = flag
End Function


Private Sub Command1_Click()              '求素数
Dim i As Integer
For i = 2 To 100
  If ss(i) Then
    Text1.Text = Text1.Text & i & " "
  End If
Next
End Sub


Private Sub Command2_Click()          '写文件
```

```
Open App. Path & "\f3. txt" For Output As #2
Write #2, Text1. Text
Close #2
End Sub
```

🈲知识要点分析

（1）自定义函数 ss 用于判断一个数是否是素数，如果函数值为 True，说明参数 n 是素数。

（2）Command1 命令按钮单击事件在 2～100 的循环中调用 ss 函数判断当前数是否是素数，如果是素数，将其写入文本框。

（3）Command2 命令按钮单击事件将文本框显示的素数写入 f3. txt 文件。

7.5.5　读顺序文件数据并求主对角线和

📖案例描述

从顺序文件 f4. txt 中读取 5 行 5 列的二维矩阵显示在文本框 Text1 中，计算该矩阵的主对角线上的元素之和，显示在文本框 Text2 中，最后将窗体保存为 VB07-05. frm，工程文件名为 VB07-05. vbp。

🖥最终效果

本案例的最终效果如图 7-9 所示。

图 7-9　读顺序文件数据并求主对角线和

✍案例实现

（1）界面设计如图 7-9 所示。

（2）程序代码如下：

```
Private Sub Command1_Click()
Dim a(5, 5) As Integer, i As Integer, j As Integer, s As Integer
Open App. Path & "\f4. txt" For Input As #1
For i = 1 To 5
    For j = 1 To 5
      Input #1, a(i, j)
      Text1. Text = Text1. Text & a(i, j) & " "
      If i = j Then
        s = s + a(i, j)
      End If
    Next
```

```
        Text1.Text = Text1.Text & vbCrLf
Next
Text2.Text = s
Close #1
End Sub
```

知识要点分析

（1）f4.txt 文件中存储了 5 行 5 列的数据，因此创建一个 5 行 5 列的二维数组读取并存放文件数据。

（2）利用 For i 和 j 的二重循环遍历读取文件中的 5 行 5 列数据，每读进一个数据赋值给数组 $a(i,j)$ 分量，同时写入文本框 Text1 中，并根据 i 和 j 的取值判断其是否是主对角线上的元素，如果是则累加求和。

（3）得到对角线元素和 s 后，将其写入文本框 Text2 中。

7.5.6　顺序文件内容读取方式比较

案例描述

从 f5.txt 文本文件中读取文件内容，显示在文本框中，最后将窗体保存为 VB07-06.frm，工程文件名为 VB07-06.vbp。

最终效果

本案例的最终效果如图 7-10 所示。

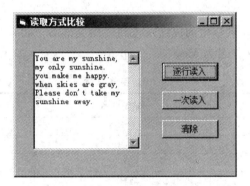

图 7-10　顺序文件内容读取方式比较

案例实现

（1）界面设计如图 7-10 所示。

（2）程序代码如下：

```
Private Sub Command1_Click()        '逐行读入
Open App.Path & "\f5.txt" For Input As #1
Dim k As String
Do While Not EOF(1)
    Line Input #1, k                '一次读取一行
    Text1.Text = Text1.Text & k & vbCrLf
Loop
Close #1
```

End Sub

```
Private Sub Command2_Click()          '一次读入
Open App.Path & "\f5.txt" For Input As #1
Dim k As String
k = Input(LOF(1), #1)                 '读取函数,一次读入
Text1.Text = k
Close #1
End Sub

Private Sub Command3_Click()          '清空文本框
Text1.Text = ""
End Sub
```

☞知识要点分析

（1）LOF()函数返回当前打开文件的字节长度，Input(LOF(1))函数返回当前打开文件的所有内容，包括逗号、回车符、换行符、引号和前导空格等。

（2）Line Input #语句不能读出回车换行符，因此在将读出内容写入文本框时需要加上回车换行符号。

7.5.7 学生成绩录入

📖案例描述

将如表 7-3 所示的 5 名学生的成绩录入到顺序文件 SGrade.txt 中，最后将窗体保存为 VB07-07.frm，工程文件名为 VB07-07.vbp。

表 7-3 学生成绩

学　　号	姓　　名	成　　绩
130101	张宇	68.5
130102	王丽	80
130103	张平	98
130104	马林	57
130105	张乐乐	87

🖳最终效果

本案例的最终效果如图 7-11 所示。

图 7-11 学生成绩录入

案例实现

（1）界面设计如图 7-11 所示。

（2）程序代码如下：

```
Private Sub Command1_Click()        '录入成绩
Dim Sno As String, Sname As String, Sscore As Single
Open App.Path & "\SGrade.txt" For Append As #1
Write #1, Text1.Text, Text2.Text, Val(Text3.Text)
Close #1
End Sub

Private Sub Command2_Click()        '清空文本框
Text1.Text = ""
Text2.Text = ""
Text3.Text = ""
End Sub

Private Sub Command3_Click()        '退出程序
End
End Sub
```

知识要点分析

（1）单击 Command1 按钮一次录入一个学生成绩，因此在 Command1 的 Click 事件中首先要打开文件，由于学生成绩是追加进 SGrade.txt 文件中的，因此打开方式应选择 Append 追加方式，输入一条记录之后，及时将文件关闭。

（2）Write # 语句录入时会保留数据类型，因此需要将 Text3.Text 中的成绩利用 Val() 函数转换为数值型。

7.5.8　读写随机文件

案例描述

创建应用程序 VB07-08.vbp，编程实现将如表 7-3 所示的前三名学生的成绩录入到随机文件 RandomGrade.txt 中。

最终效果

本案例的最终效果如图 7-12 所示。

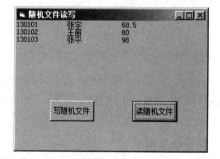

图 7-12　随机文件读写

✍**案例实现**

（1）界面设计如图7-12所示。

（2）程序代码如下：

在窗体的通用段定义记录类型。

```
Private Type Stu                    '定义记录类型
    Sno As String * 6               '学号长度为6
    Sname As String * 10            '姓名长度为10
    Sscore As Single                '成绩长度为4
End Type


Private Sub Command1_Click()        '写随机文件
Dim a As Stu, b As Stu, c As Stu
Open App.Path & "\RandomGrade.txt" For Random As #1 Len = 20
a.Sno = "130101"
a.Sname = "张宇"
a.Sscore = 68.5
Put #1, 1, a
b.Sno = "130102"
b.Sname = "王丽"
b.Sscore = 80
Put #1, 2, b
c.Sno = "130103"
c.Sname = "张平"
c.Sscore = 98
Put #1, 3, c
Close #1
End Sub


Private Sub Command2_Click()        '读随机文件
Dim d As Stu
Open App.Path & "\RandomGrade.txt" For Random As #1 Len = Len(d)
n = LOF(1) / Len(d)
For i = 1 To n
    Get #1, i, d
    Print d.Sno, d.Sname, d.Sscore
Next
Close #1
End Sub
```

☞**知识要点分析**

（1）使用Open语句打开随机文件，打开方式为Random方式，在打开时指定记录长度为定义时的20字节。

（2）写随机文件时，一次写一条记录。

（3）读随机文件时需要知道文件中的记录个数，由于随机文件中记录定长，因此用LOF(1)函数获取随机文件的总字节长度除以单个记录长度，即为记录个数。

7.5.9 随机文件查找

📖案例描述

在随机文件 RandomGrade.txt 中按记录号查找记录,记录号由输入对话框输入,最后将窗体保存为 VB07-09.frm,工程文件名为 VB07-09.vbp。

🖳最终效果

记录号由输入对话框输入,如图 7-13 所示。

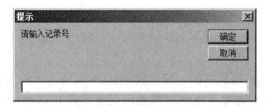

图 7-13　记录号输入对话框

在输入对话框中输入"2"后,找到第 2 条记录显示在窗体文本框中,如图 7-14 所示。如果输入的记录号不存在,显示错误提示框,如图 7-15 所示。

图 7-14　查找指定记录　　　　　图 7-15　记录号错误提示框

✍案例实现

(1) 界面设计如图 7-14 所示。

(2) 程序代码如下:

在窗体的通用段定义记录类型。

```
Private Type Stu              '定义记录类型
    Sno As String * 6         '学号长度为6
    Sname As String * 10      '姓名长度为10
    Sscore As Single          '成绩长度为4
End Type

Private Sub Command1_Click()   '查找随机文件
Dim a As stu, recno As Integer
Open App.Path & "\ RandomGrade.txt" For Random As #1 Len = Len(a)
n = LOF(1) / Len(a)            '文件的记录总数
```

```
recno = InputBox("请输入记录号", "提示")
If recno = 0 Or recno > n Then
    MsgBox "记录号输入错误!", 0, "错误提示"
Else
    Get #1, recno, a
    Text1. Text = a. Sno
    Text2. Text = a. Sname
    Text3. Text = a. Sscore
End If
Close #1
End Sub
```

🖱知识要点分析

（1）LOF(1)/Len(a)得到总的记录个数，用以判断输入的记录号是否超过该上限。

（2）Get #语句可以在随机文件中按指定记录号查找记录，因此需要在查找之前使用 If 语句判断记录号是否有效。

（3）找到记录之后，将其分量值显示在界面文本框中。

7.5.10 文件系统控件应用

📖案例描述

利用文件系统控件在指定路径下查找文件，最后将窗体保存为 VB07-10. frm，工程文件名为 VB07-10. vbp。

🖥最终效果

本案例的最终效果如图 7-16 所示。

图 7-16 查找文件

✍案例实现

（1）界面设计如图 7-16 所示。

（2）程序代码如下：

```
Private Sub Drive1_Change()        '驱动器列表框带动目录列表框
Dir1. Path = Drive1. Drive
End Sub
```

```
Private Sub Dir1_Change()          '目录列表框带动文件列表框
File1.Path = Dir1.Path
End Sub

Private Sub File1_Click()          '选中的文件名在文本框中显示
Text1.Text = File1.FileName
End Sub
```

☞知识要点分析

(1) Drive1_Change()事件中,Drive1.Drive 获取选中的驱动器,将其作为 Dir1 目录列表框的驱动器。

(2) Dir1_Change()事件中,Dir1.Path 得到当前选定的路径,将其作为 File1 文件列表框的路径。

(3) File1_Click()事件中,File1.FileName 为 File1 列表框中选定文件的文件名,并将其显示在文本框 Text1 中。

7.5.11　打开与保存对话框

📖案例描述

利用通用对话框显示"打开"对话框,打开磁盘上的某个文件并在文本框中显示文件内容,可以在文本框中对其进行编辑和修改,并利用"保存"对话框保存修改后的内容,最后将窗体保存为 VB07-11.frm,工程文件名为 VB07-11.vbp。

🖥最终效果

本案例的最终效果如图 7-17 所示。

图 7-17　打开和保存文件

单击"打开"按钮,弹出"打开"对话框,如图 7-18 所示。

在"打开"对话框中找到要打开的文件,单击"打开"按钮后,将内容显示在文本框中,可以在文本框中进行编辑和修改,之后单击"保存"按钮,弹出"另存为"对话框,保存文件,如图 7-19 所示。

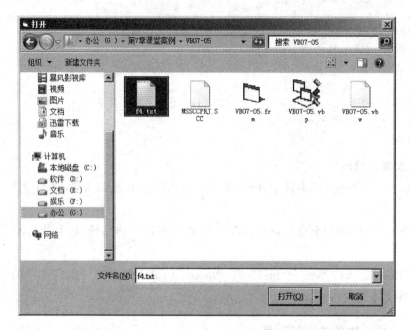

图 7-18 "打开"对话框

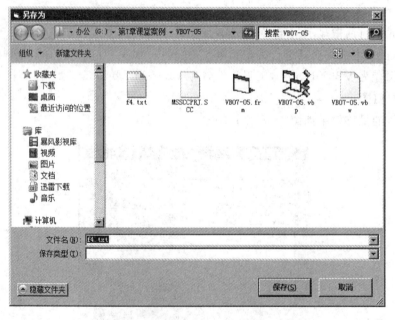

图 7-19 "另存为"对话框

✍案例实现

（1）界面设计如图 7-17 所示。

（2）程序代码如下：

```
Private Sub Command1_Click()        '打开
'CommonDialog1.Action = 1
CommonDialog1.ShowOpen              '与 CommonDialog1.Action = 1 等价
```

```
Open CommonDialog1.FileName For Input As #1
Do While Not EOF(1)
    Line Input #1, A
    Text1.Text = Text1.Text & A & vbCrLf
Loop
Close #1
End Sub

Private Sub Command2_Click()        '保存
CommonDialog1.Action = 2
'CommonDialog1.ShowSave '与 CommonDialog1.Action = 2等价
Open CommonDialog1.FileName For Output As #1
Print #1, Text1.Text
Close #1
End Sub
```

知识要点分析

（1）Command1_Click()事件中，CommonDialog1.ShowOpen 将 CommonDialog1 设置为"打开"对话框，在对话框中检索并选中要打开的文件。

（2）CommonDialog1.FileName 即为选中的文件名，利用 Open 语句打开文件，打开方式为 Input 方式。

（3）文件打开后，利用循环结合语句 Line Input #1 一次读出文件中的一行，并显示在文本框中。文件全部读完后，可以在文本框中对文件内容进行编辑。

（4）Command2_Click()事件中，CommonDialog1.Action = 2 为打开"另存为"对话框，将文本框中的内容保存在文件中，也需要经过打开文件、写入文件和关闭文件的过程。

7.5.12 颜色和字体设置

案例描述

编程实现单击"背景颜色"按钮弹出"颜色"对话框，设置窗体背景颜色；单击"标签字体"按钮弹出"字体"对话框，设置窗体上标签的字体，最后将窗体保存为 VB07-12.frm，工程文件名为 VB07-12.vbp。

最终效果

本案例的最终效果如图 7-20 所示。

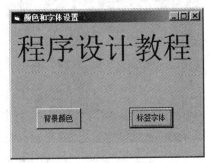

图 7-20 颜色和字体设置

🖋**案例实现**

（1）界面设计如图7-20所示。

（2）程序代码如下：

```
Private Sub Command1_Click()          '设置窗体背景颜色
'CommonDialog1. Action = 3
CommonDialog1. ShowColor              '与 CommonDialog1. Action = 4 等价
Form1. BackColor = CommonDialog1. Color
End Sub

Private Sub Command2_Click()          '设置标签字体
'CommonDialog1. Action = 4
CommonDialog1. ShowFont '与 CommonDialog1. Action = 4 等价
Label1. FontName = CommonDialog1. FontName
Label1. FontSize = CommonDialog1. FontSize
End Sub
```

🖱**知识要点分析**

（1）Command1_Click()单击事件中利用 CommonDialog1. ShowColor 打开"颜色"对话框，选择颜色后，将 Form1 的 BackColor 设置为 CommonDialog1. Color，即为"颜色"对话框中选择的颜色。

（2）Command2_Click()单击事件中利用 CommonDialog1. ShowFont 打开"字体"对话框，字体设置时需要注意的是所有字体、字号、字型属性都是单独设置的。

（3）Command2 单击事件中设置了字体和字号，要求运行时弹出"字体"对话框后，这两项必须选择，否则会出错。

7.6 本章课外实验

7.6.1 写顺序文件数据并做整除判断

将 1～100 中被 3 和 7 同时整除的数存放到文本框中，通过自定义过程把文本框中的数据存入到 Kf1. txt 中，最后将窗体保存为 KSVB07-01. frm，工程文件名为 KSVB07-01. vbp，最终效果如图 7-21 所示。

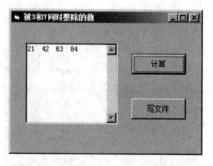

图 7-21 写顺序文件数据并做整除判断

7.6.2 读顺序文件数据并求副对角线之和

从 Kf2.txt 中读取 5 行 5 列的二维矩阵显示在文本框 Text1 中,计算该矩阵的副对角线上的元素之和,显示在文本框 Text2 中,最后将窗体保存为 KSVB07-02.frm,工程文件名为 KSVB07-02.vbp,最终效果如图 7-22 所示。

图 7-22 读顺序文件数据并求副对角线之和

7.6.3 读顺序文件数据并找出每一行的最小值

从 Kf3.txt 中读取 5 行 5 列的二维矩阵显示在文本框 Text1 中,找出每一行的最小值,显示在文本框 Text2 中,最后将窗体保存为 KSVB07-03.frm,工程文件名为 KSVB07-03.vbp,最终效果如图 7-23 所示。

图 7-23 求每行最小值

7.6.4 顺序文件中查找数据

从 7.5.7 所建立的 SGrade.txt 中查找指定学号的学生成绩信息并在文本框中显示出来,学生学号由输入框输入,SGrade.txt 中存储了 5 名学生的学号、姓名和成绩,如表 7-3 所示,最后将窗体保存为 KSVB07-04.frm,工程文件名为 KSVB07-04.vbp,最终效果如图 7-24 所示。

如果不存在指定学号的记录,显示如图 7-25 所示的"错误提示"对话框。

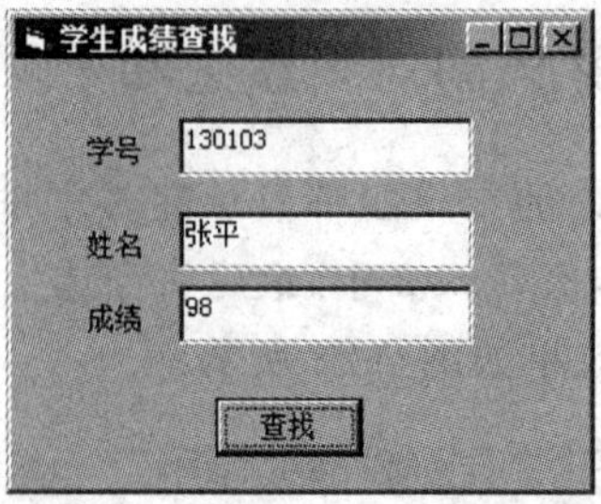

图 7-24   在顺序文件中查找数据

图 7-25   "错误提示"对话框

第 8 章　SQL Server 数据库系统概述

本章说明

  本章将首先从介绍数据库、数据库管理系统及数据库系统的基本概念入手，引入 SQL Server 2005 数据库管理系统，重点需要掌握 SQL Server 2005 的安装与启动。

本章主要内容

> ➢ 数据库基本概念。
> ➢ SQL Server 2005 简介。
> ➢ SQL Server 2005 的安装要求。

📖 本章拟解决的问题

(1) 什么是数据库？

(2) 数据库、数据库管理系统及数据库应用系统三者之间的关系是什么？

(3) SQL 是基于什么技术开发的？

(4) SQL Server 2005 数据库管理系统和其他数据库管理系统相比有什么不同？

(5) SQL Server 2005 数据库管理系统具有什么特点？

(6) SQL Server 2005 各版本有何不同？

(7) 为什么要启动服务器？

(8) 在启动 SQL Server 2005 时如何判断服务器是否启动？

8.1 数据库基本概念

1. 数据库

数据库(DataBase)是指长期存储在计算机内有组织的、可共享的数据集合，这种集合具有如表 8-1 所示的特点。

表 8-1　数据集合的特点

序号	特　点	含　义
1	数据的结构化	数据库系统是按照一定的数据模型来组织和存放数据的
2	数据独立性	与应用程序之间相互依赖性很小或没有依赖关系，独立于使用它的应用程序
3	数据共享	是指数据库允许多个用户同时存取数据而互不影响
4	数据冗余	以一定的数据模型来组织数据，去除数据库中不必要的重复数据，尽可能地减少数据冗余
5	易扩展性	数据可适应不同用户、不同的应用子系统，易于扩展
6	数据间的联系及一致性	数据库要体现数据间的联系，并保持数据间的一致

2. 关系数据库

关系数据库系统(Relational DataBase System，RDBS)是建立在关系模型基础上的数据库。现实世界中的各种实体以及实体之间的各种联系均用关系模型来表示。标准数据查询语言 SQL 就是一种基于关系数据库的语言，这种语言执行对关系数据库中数据的检索和操作。关系模型就是指二维表格模型，因而一个关系型数据库就是由二维表及其之间的联系组成的一个数据组织，关系型数据库是系统应用中的主流方案。

3. 对象-关系数据库

对象-关系数据库系统兼有关系数据库和面向对象的数据库两方面的特征，即它除了具有原来关系数据库的种种特点外，还应该具有以下特点。

(1) 允许用户扩充基本数据类型，即允许用户根据应用需求自己定义数据类型、函数和操作符,而且一经定义,这些新的数据类型、函数和操作符将存放在数据库管理系统核心中,可供所有用户公用。

(2) 能够在 SQL 中支持复杂对象,即由多种基本类型或用户定义的类型构成的对象。

(3) 能够支持子类对超类的各种特性的继承,支持数据继承和函数继承,支持多重继承,支持函数重载。

(4) 能够提供功能强大的通用规则系统,而且规则系统与其他的对象-关系能力是集成为一体的。

4. 数据库管理系统

数据库管理系统(DataBase Management System,DBMS)是帮助用户建立、维护、使用及管理数据库的软件系统,为数据库用户提供接口。DBMS 的目的是提供一个可以方便地、有效地存取数据库信息的环境。如图 8-1 所示描述了用户、数据库管理系统和数据库之间的关系。

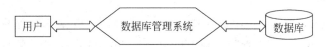

图 8-1 用户、数据库管理系统和数据库的关系

在数据库系统中,数据库管理系统就像终端用户与数据库之间的"中间人"一样,数据库复杂的结构描述信息是由数据库管理系统直接管理的,终端用户不必了解数据库内部复杂的结构。当用户读取数据时,数据库管理系统会自动地将用户的请求转换成复杂的机器代码,实现用户对数据库的操作。例如,要查询学生表中所有学生的学号、姓名,终端用户只要发出下列请求:

SELECT 学号,姓名 FROM 学生表

当数据库管理系统接收这个请求之后,自动将其转换成相应的机器代码,再自动执行这个查询任务,按用户的要求输出查询结果。整个过程中,用户不必关心数据的结构如何描述,也不需要知道数据的存储路径和存储地址。因此,数据库管理系统的作用就是让人们能够方便、高效地使用数据库。如今,数据库管理系统的产品有很多,例如 Oracle、Sybase、DB2、SQL Server、Access、FoxPro 等,尽管这些数据库管理系统产品的功能各异,但是基本功能都有如下几个方面。

(1) 数据定义(建立数据库和定义表的结构);

(2) 数据操作(输入、查询、更新、插入、删除、修改数据等);

(3) 数据库运行的管理(并发控制、完整性检查、安全性检查等);

(4) 数据库维护(数据库内部索引、系统目录的自动维护、备份、恢复等可靠性保障)。

5. 数据库应用系统

数据库应用系统(DataBase Application System,DBAS)是程序员根据用户的需要在数据库管理系统的支持下开发的,并能够在数据库管理系统的支持下运行的程序和数据库的总称。数据库应用系统是一个能进行信息的收集、传递、存储、加工、维护和使用的计

算机软件系统,如财务管理系统、人事档案管理系统、学生信息管理系统等。

数据库应用系统的开发是一项复杂的系统工程,必须遵循一定的步骤,如监管、分析、实施、验收、维护等。一旦取得应用系统开发的任务,则要从需求分析开始,清楚系统的要求、开发运行环境,方可进行可行性分析论证。可行性分析通过之后,进入系统具体的分析和设计过程。在完善的设计基础上开始具体编写程序(施工),从而得到产品。得到系统产品后,进行测试、再修改、再完善,最后形成可交付的最终产品(软件)。整个过程中,除了软件代码之外,每一步都要形成相应的文档,包括最初的合同文档。如图 8-2 所示为数据库、数据库管理系统及数据库应用系统三者之间的关系。

图 8-2   数据库、数据库管理系统及数据库应用系统三者之间的关系

6. 数据库系统

数据库系统(DataBase System,DBS)一般由数据库、数据库管理系统(及其开发工具)、数据库应用系统、数据库管理员和用户构成。其中,数据库用于存储数据;数据库管理系统是用于操纵数据库的系统软件;数据库应用是为满足用户各种需求而设计的程序,如报表、查询等;数据库管理员对数据库系统及操作系统进行控制和管理。数据库系统的构成如图 8-3 所示。

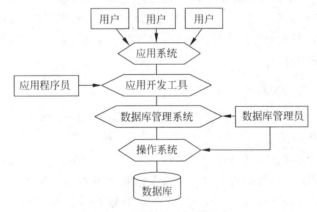

图 8-3   数据库系统的构成

8.2   SQL Server 2005 简介

SQL 是 Structured Query Language 的简称,SQL 的开发是基于数据库技术,数据库技术作为数据管理的实现技术,已成为计算机应用技术的核心。数据库技术从产生到现在,短短几十年间经历了三代:第一代,网状、层次数据库系统;第二代,关系数据库系统;第三代,以面向对象模型为主要特征的数据库系统。同时,数据库技术与其他技术不断互相渗透,互相融合,如网络通信技术、面向对象程序设计技术、人工智能技术、并行处理技术等。数据库技术研究解决了计算机信息处理中的大量数据有效地组织和存储的问

题,数据库管理系统作为数据管理最有效的手段,为高效、精确地处理数据创造了条件。而 SQL Server 数据库管理系统具有更强大的可伸缩性、可用性,对数据管理和分析的安全性更加易于建立、配置和管理。

8.2.1　体系结构与运行环境

SQL Server 2005 是一个基于客户/服务器(Client/Server,C/S)模式的关系数据库管理系统,如图 8-4 所示。

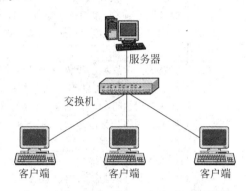

图 8-4　SQL Server 2005 客户/服务器结构

SQL Server 2005 采用 C/S 体系结构,把工作分解为服务器的任务和客户机的任务,服务器负责对数据库的数据进行操作和管理,而客户机负责向用户提供数据。

8.2.2　SQL Server 2005 的特点

SQL Server 2005 的特点如表 8-2 所示。

表 8-2　SQL Server 2005 的特点

序号	特　　点	含　　义
1	数据库镜像	通过新数据库镜像方法,将记录档案传送性能进行延伸。即使用数据库镜像,通过将自动失效转移建立到一个待用服务器上,增强 SQL 服务器系统的可用性
2	在线恢复	使用 SQL 2005 版服务器,数据库管理人员将可以在 SQL 服务器运行的情况下,执行恢复操作。改进了 SQL 服务器的可用性,除了正在被恢复的数据无法使用,数据库的其他部分依然在线、可供使用
3	在线检索操作	在线检索选项可以在数据定义语言(DDL)执行期间,允许对基底表格或集簇索引数据和任何有关的检索,进行同步修正
4	快速恢复	新的、速度更快的恢复选项可以改进 SQL 服务器数据库的可用性。管理人员将能够在事务日志向前滚动之后,重新连接到正在恢复的数据库
5	安全性能的提高	SQL Server 2005 包括一些在安全性能上的改进,例如数据库加密、设置安全默认值、增强密码政策、缜密的许可控制,以及一个增强型的安全模式

序号	特　点	含　义
6	新 的 SQL Server Management Studio	SQL Server 2005 引入了 SQL Server Management Studio,这是一个新型的统一的管理工具组,包括一些新的功能,以开发、配置 SQL Server 数据库,发现并排除其中的故障,同时这个工具组还对从前的功能进行了一些改进
7	专门的管理员连接	SQL Server 2005 将引进一个专门的管理员连接,即使在一个服务器被锁住或因其他原因不能使用的时候,管理员可通过这个连接,接通这个正在运行的服务器,让管理员通过操作诊断功能或 Transact-SQL 指令,找到并解决发现的问题
8	快照隔离	将在数据库层面上提供一个新的快照隔离(SI)标准,通过快照隔离,使用者将能够使用与传统一致的视野观看数据库,存取最后执行的一行数据,为服务器提供更大的可升级性
9	数据分割	数据分割将加强本地表检索分割,这使得大型表和索引可以得到高效的管理
10	增强复制功能	对于分布式数据库而言,SQL Server 2005 提供了全面的方案修改(DDL)复制、下一代监控性能、从甲骨文(Oracle)到 SQL Server 的内置复制功能、对多个超文本传输协议(http)进行合并复制,以及就合并复制的可升级性和运行进行了重大的改良。另外,新的对等交易式复制性能,通过使用复制改进了其对数据向外扩展的支持

8.2.3　SQL Server 2005 的版本

SQL Server 2005 目前有 6 个版本,分别是:Enterprise(企业版)、Standard(标准版)、Workgroup(工作组版)、Developer(开发板)、Express(个人版)、Compact(移动版),它们在性能、硬件要求等方面各有不同。以下对各种版本做简要说明,以 SQL Server 2005 为例,如表 8-3 所示。

表 8-3　版本说明

序号	版　本	说　明
1	Enterprise Edition(32 位和 64 位)企业版	企业版达到支持多个 CPU 的多进程处理、高度复杂的数据分析、数据仓库系统和网站所需的性能水平。企业版的全面商业智能和分析能力及其高可用性功能,使它可以处理大多数关键业务的企业工作负荷。企业版是最全面的 SQL Server 版本,是超大型企业的理想选择,能够满足最复杂的要求
2	Standard Edition(32 位和 64 位)标准版	SE 版是 SQL Server 的主流版本,包括电子商务、数据仓库和业务流解决方案所需的基本功能。标准版的集成商业智能和高可用性功能可以为企业提供支持其运营所需的基本功能。标准版是需要全面的数据管理和分析平台的中小型企业的理想选择

续表

序号	版　本	说　　明
3	Workgroup Edition（只适用于 32 位）工作组版	工作组版对于那些需要在大小和用户数量上没有限制的数据库的小型企业是理想的数据管理解决方案。可用作前端 Web 服务器，也可以用于部门或分支机构的运营。它具有 SQL Server 产品的核心数据库功能，容易升级为标准版和企业版，具有可靠、功能强大且易于管理的特点
4	Developer Edition（32 位和 64 位）开发版	开发版使开发人员可以在 SQL Server 上生成任何类型的应用程序。它包括企业版的所有功能，开发版与企业版的唯一差别是它只能用于开发和测试系统，而不能用作生产服务器。开发版是独立软件供应商（Independent Software Vendors，ISV）、咨询人员、系统集成商、解决方案供应商以及创建和测试应用程序的企业开发人员的理想选择
5	Express Edition（仅适用于 32 位）个人版	个人版是一个免费、易用且便于管理的数据库。它与 Microsoft Visual Studio 2005 集成在一起，可轻松开发功能丰富、存储安全、可快速部署的数据驱动应用程序。个人版是低端 ISV、低端服务器用户、创建 Web 应用程序的非专业开发人员以及创建客户端应用程序的编程爱好者的理想选择
6	Compact Edition 移动版	该版本是一种功能全面的压缩数据库，能支持广泛的智能设备和 Tablet PC。增强的设备支持能力使得开发人员能够在许多设备上使用相同的数据库功能

8.3　SQL Server 2005 的安装要求

8.3.1　SQL Server 2005 安装的硬件要求

安装 SQL Server 2005 的硬件要求如表 8-4 所示。

表 8-4　安装 SQL Server 2005 的硬件要求

硬 件 名 称	配 置 要 求
处理器（CPU）	处理器类型为 Pentium Ⅲ 及其兼容处理器，或者更高型号，速度至少 500MHz，推荐 1GHz 或更高
内存容量（RAM）	企业版（Enterprise Edition）：512MB，建议 1GB 或更多 标准版（Standard Edition）：512MB，建议 1GB 或更多 工作组版（Workgroup Edition）：512MB，建议 1GB 或更多 开发版（Developer Edition）：512MB，建议 1GB 或更多 个人版（Express Edition）：128MB，建议 512MB 或更多
硬盘空间（Hard Disk）	完全安装需要 350MB 可用硬盘空间 示例数据库需要 390MB 空间
显示器（Display）	VGA 或更高分辨率，SQL Server 2005 图形工具要求 1024×768 或更高的屏幕分辨率
光盘驱动器（CD-ROM）	单机需要 CD-ROM 驱动器，也可以通过网络上的共享光盘驱动器 CD/DVD-ROM 进行安装
群集硬件要求	在 32 位和 64 位平台上，支持 8 结点群集安装

8.3.2 SQL Server 2005 安装的软件要求

安装 SQL Server 2005 的软件要求如表 8-5 所示。

表 8-5 安装 SQL Server 2005 的软件要求

序号	要 求	组 件
1	网络环境要求	IE6.0 SP1 及以上版本,如果只安装客户机组件不需要连接到要求加密的服务器,则 IE4.0 SP2 即可
		安装报表服务需要 IIS5.0 以上版本
		报表服务需要 ASP.NET 6.0 版本
2	软件要求	Microsoft Windows Installer 3.1 或更高版本
		Microsoft 数据访问组件(MDAC)2.8 SP1 或更高版本
		Microsoft Windows .NET Framework 2.0
		Microsoft SQL Server 本机客户端
		Microsoft SQL Server 安装程序支持文件

8.4 本章教学案例

8.4.1 SQL Server 2005 的安装

📖 案例描述

在 Windows 系统下,完成 SQL Server 2005 的安装。

🖳 最终效果

本案例的最终效果如图 8-5 所示。

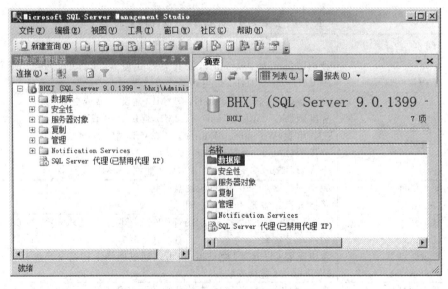

图 8-5 SQL Server 2005 完成启动

✍案例实现

(1) 将 SQL Server 2005 安装光盘放入光驱,SQL Server 的安装程序会自动运行,如果该光盘不能自动运行,则打开光盘根目录,然后双击 splash. hta 文件,如在盘符下安装,则打开安装文件,然后双击 setup. exe,则可进入 SQL Server 2005 的安装界面,如图 8-6 所示。

图 8-6 安装界面

(2) 根据安装环境选择两个选项中的一个,在本例中选择的是"基于 x86 的操作系统"选项,打开 SQL Server 2005 安装初始向导,如图 8-7 所示。选择"服务器组件、工具、联机丛书和示例"选项,启动到安装目录。

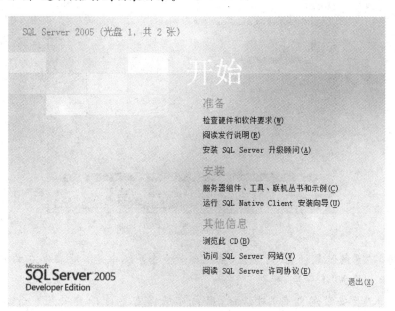

图 8-7 SQL Server 2005 安装初始向导

（3）打开"最终用户许可协议"对话框,选中"我接受许可条款和条件"复选框,如图 8-8 所示。单击"下一步"按钮。

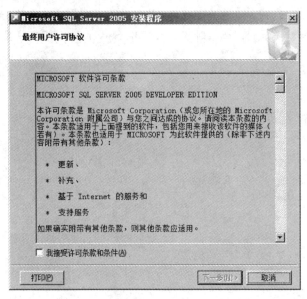

图 8-8 "最终用户许可协议"对话框

（4）进入"安装必备组件"对话框,系统自动对安装条件进行检测并安装所需的软件组件,如图 8-9 所示。单击"下一步"按钮。

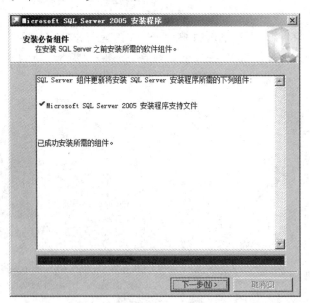

图 8-9 "安装必备组件"对话框

（5）进入"系统配置检查"对话框,系统自动检查系统中是否存在潜在的安装问题,如图 8-10 所示。单击"下一步"按钮。

（6）进入"要安装的组件"对话框,用户可根据需要选择要安装或升级的组件,如图 8-11 所示。也可单击"高级"按钮进行更详细的设置,单击"下一步"按钮。

SQL Server数据库系统概述

图 8-10 "系统配置检查"对话框

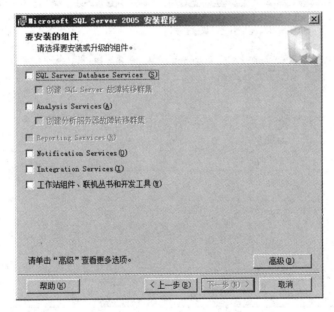

图 8-11 "要安装的组件"对话框

（7）进入"功能选择"对话框，根据用户需要选择要安装的程序，如图 8-12 所示。单击"下一步"按钮。

（8）进入"实例名"对话框，设置实例名，也可使用默认实例，如图 8-13 所示。单击"下一步"按钮。

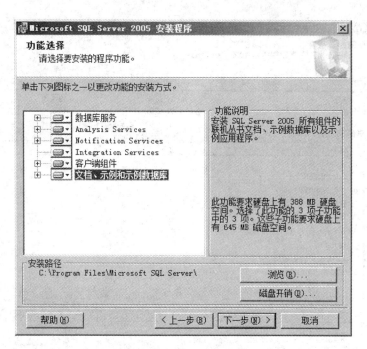

图 8-12 "功能选择"对话框

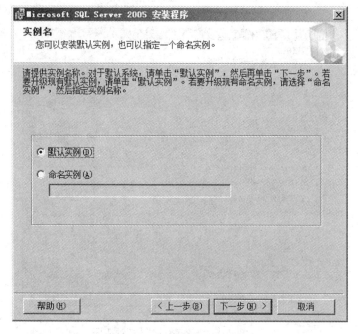

图 8-13 "实例名"对话框

（9）进入"服务账户"对话框，设置为使用内置系统账户：本地系统，如图 8-14 所示。单击"下一步"按钮。

（10）进入"身份验证模式"对话框，设置身份验证模式，如图 8-15 所示。单击"下一步"按钮。

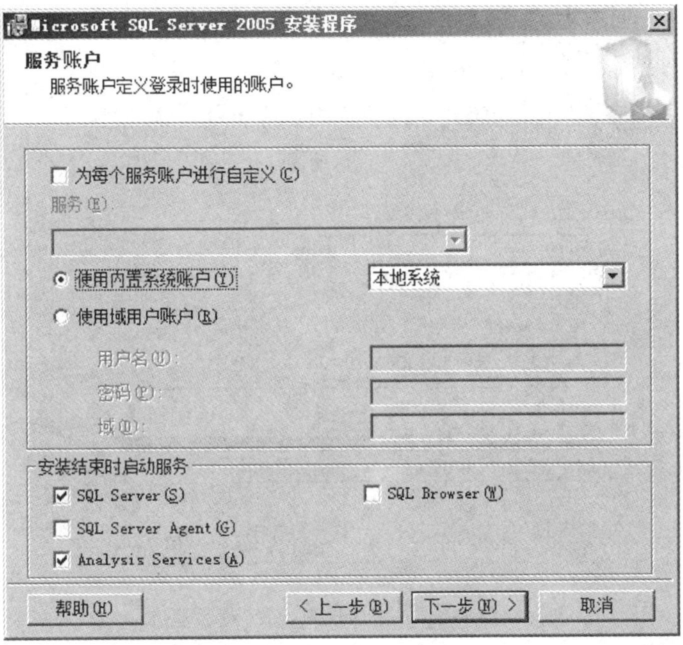

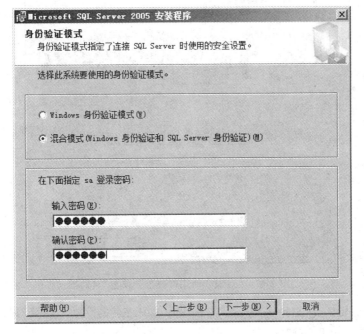

图 8-14 "服务账户"对话框

图 8-15 "身份验证模式"对话框

　　(11) 进入"排序规则设置"对话框，这里使用默认设置，如图 8-16 所示。单击"下一步"按钮。

　　(12) 进入"错误和使用情况报告设置"对话框，如图 8-17 所示。单击"下一步"按钮。

　　(13) 进入"准备安装"对话框，单击"安装"按钮即可，如图 8-18 和图 8-19 所示。

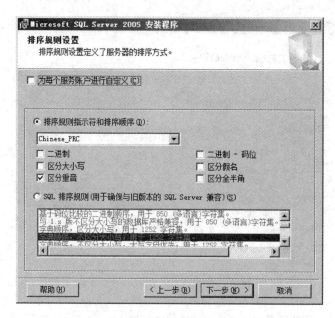

图 8-16 "排序规则设置"对话框

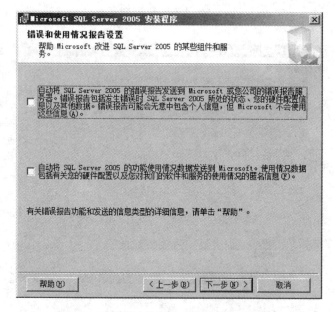

图 8-17 "错误和使用情况报告设置"对话框

（14）当安装完成，则进入"完成 Microsoft SQL Server 2005 安装"对话框，单击"完成"按钮即可，如图 8-20 所示。

知识要点分析

（1）SQL Server 2005 可以在同一台服务器上安装多个实例，首次安装时选择"默认实例"单选按钮，如果计算机上已经安装了数据库实例，"默认实例"单选按钮将不可选择，这时就需要输入或选择不同的实例名称。在"命名实例"文本框中输入的实例名不区分大小写，长度最长为 16 个字符且不能是 SQL Server 的保留字。

SQL Server数据库系统概述

图 8-18　"准备安装"对话框

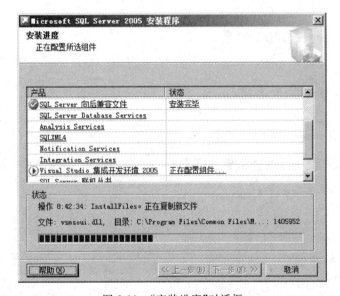

图 8-19　"安装进度"对话框

（2）SQL Server 2005 允许在一台计算机上执行多次安装，每一次安装都是一个实例。一个实例就是一组配置文件和运行在计算机内存中的一组程序。用户可以把一个实例理解为一个 SQL Server 服务器。

（3）"身份验证模式"对话框是用来设置身份验证模式的。一般选择默认选项"Windows 身份验证模式"，也可选择"混合模式（Windows 身份验证和 SQL Server 身份验证）"，并为 sa（Super Administrator，超级管理用户）账户设置登录密码。用户也可以不为 sa 账户指定密码，但这种方法不安全，故不提倡采用。在完成 SQL Server 安装之后，根据需要，用户在 SQL Server 服务器中为 sa 账户指定密码。实现该操作的步骤为：对象资源管理器→安全性→登录名→登录名 sa 上右击→属性。

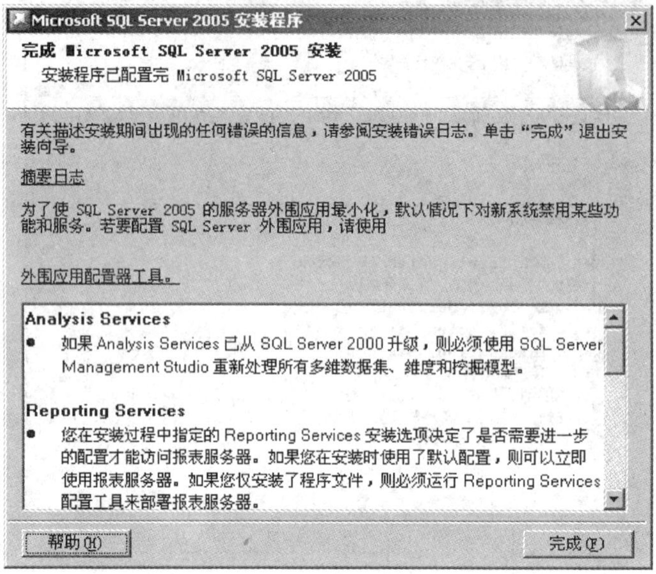

图 8-20   安装完成

8.4.2   SQL Server 2005 的启动

案例描述

在 Windows 系统下,启动 Microsoft SQL Server 2005 服务管理。

最终效果

本案例的最终效果如图 8-21 所示。

图 8-21   "连接到服务器"对话框

案例实现

（1）选择"开始"→"程序"→Microsoft SQL Server 2005→SQL Server Management Studio→打开"连接到服务器"对话框,如图 8-22 所示。

SQL Server数据库系统概述

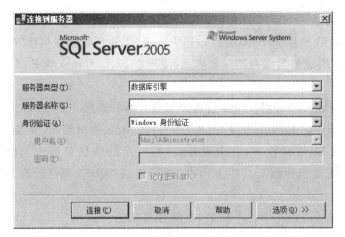

图 8-22 "连接到服务器"对话框的设置结果

(2)在"服务器类型"下拉列表框中,选择要连接到的 SQL Server 2005 服务,选择"数据库引擎"。

(3)在"服务器名称"下拉列表框中,选择要连接到的 SQL Server 2005 数据库服务器的实例名。服务器名称选本地服务器,用"."或单击下拉菜单,选择"浏览更多",在"查找服务器"对话框中打开数据库引擎,选择本地服务器的具体名称,完成本地或网络服务器实例的选择输入。

(4)在"身份验证"下拉列表框中,选择身份验证模式。因为在安装中使用的是一般常用的默认选项"Windows 身份验证模式"。如果选择"混合模式(Windows 身份验证和 SQL Server 身份验证)",则需要填写登录账户的用户名和密码。

(5)单击"选项"按钮,打开"连接到服务器"连接属性页。在其中可以设置连接到的数据库、网络属性和连接属性以及是否需要加密连接等信息。

(6)正确设置以上所有参数后,单击"连接"按钮,即可连接到数据库服务器并打开 SQL Server Management Studio 管理环境,如图 8-23 所示。

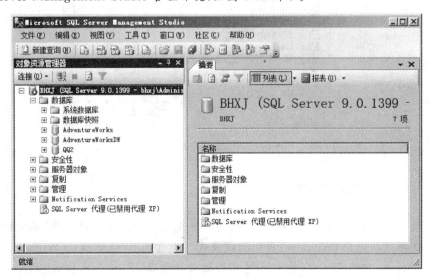

图 8-23 完成启动

☞知识要点分析

（1）如果在启动 SQL Server 2005 过程中出现"无法连接到数据库"的错误提示,说明 SQL Server 2005 的服务器没有连接或启动,用户在 SQL Server 服务器中可重新连接或启动。

（2）用户可以随时断开对象资源管理器与服务器的连接。断开对象资源管理器不会断开其他 SQL Server Management Studio 组件(如 SQL 编辑器)。其操作步骤如下：在"对象资源管理器"组件窗口中,右击服务器,在弹出的快捷菜单中选择"断开连接"命令；或者在对象资源管理器工具栏上单击"断开连接"按钮,即可断开与数据库服务器的连接。

（3）服务管理可以是一个计算机名,本地计算机也可以用"."(点)来表示,也可以是一个 IP 地址。

8.5 本章课外实验

8.5.1 在 Windows 系统下安装 IIS

SQL Server 2005 的安装要求分为硬件要求和软件要求,在软件要求里要求必须安装的组件中含有：安装报表服务需要 IIS 5.0 以上版本。在 Windows 系统下安装 IIS,效果如图 8-24 所示。

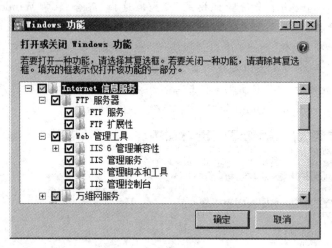

图 8-24 "Windows 功能"窗口

8.5.2 修改 sa 用户密码

在安装 SQL Server 2005 过程中的"身份验证模式"对话框是用来设置身份验证模式的。一般选择默认选项"Windows 身份验证模式",也可选择"混合模式(Windows 身份验证和 SQL Server 身份验证)",并为 sa 账户设置登录密码。该密码在完成 SQL Server 安装之后,可在 SQL Server 服务器中修改。

要求修改 sa 用户的登录密码为：123456,效果如图 8-25 所示。

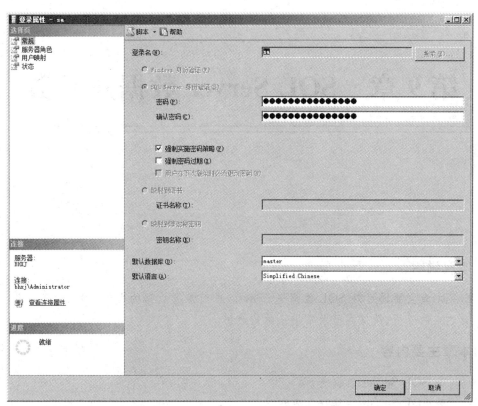

图 8-25　"登录属性"窗口

第 9 章　SQL Server 数据及函数

本章说明

　　本章主要通过对 SQL 数据进行分析,进而掌握数据的表示方法、运算符及表达式的应用、数据类型及常用函数的使用。

本章主要内容

- ➢ SQL Server 数据表示。
- ➢ SQL Server 运算符及表达式。
- ➢ SQL Server 数据类型。
- ➢ SQL Server 常用函数。
- ➢ SQL Server 程序流程控制语句。

📖 本章拟解决的问题

（1）SQL Server 常量有哪些？

（2）SQL Server 变量有哪些？

（3）如何使用 SQL Server 运算符？

（4）系统数据包含哪些类型？

（5）系统数据类型存储字节有什么作用？

（6）SQL Server 常用函数的具体种类及其用法是什么？

（7）时间函数返回一个字符串、数字值或日期和时间值的用法有哪些？

（8）不同字符、字符串函数给出的字符参数中，返回结果有什么不同？

（9）聚合函数如何使用？

9.1 SQL Server 数据表示

9.1.1 SQL Server 常量

常量是指在使用过程中值不变的量，常量有以下几种，如表 9-1 所示。

表 9-1 常量

常 量 类 型	说 明
字符串常量	通过单引号进行定义，例如：'ABC'
整型常量	二进制整型常量表示，用数字 0 或 1 表示，并且不使用引号 十进制整型常量表示，用不带小数点的十进制数表示，例如：875 十六进制整型常量表示，用前缀 0x 表示，例如：0x2FA
实型常量	定点表示，例如：875.34、2.0 浮点表示，例如：101.5E5、0.5E−2
日期时间常量	用单引号进行定义，例如：'2014-3-1 8:30:45'
货币常量	以 $ 为前缀的整型或实型常量数据，例如：$875

9.1.2 SQL Server 变量

变量是在使用过程中其值可能发生变化的量。

1. 变量的命名规则

（1）变量名以 ASCII 字符、Unicode 字符、下划线(_)、@或#开头，可后续一个或多个 ASCII 字符、Unicode 字符、下划线(_)、美元符号($)、@或#，但不能全为下划线(_)、@或#。

（2）变量名不能使用 SQL 的保留字，不允许嵌入空格或其他特殊字符。

（3）变量名最长为 128 个字符。

2．变量的分类

1）局部变量

局部变量用于保存数据值，例如保存运算的中间结果，作为循环变量等。当首字母为一个@时，该标识符表示局部变量；如果是数据库当首字母为一个♯时，此标识符表示局部临时数据库对象名。

2）全局变量

全局变量由系统提供且预先声明，通过在名称前加两个@符号区别于局部变量，如果是数据库当首字母为两个♯时，此标识符表示全局临时数据库对象名。

3．变量的定义

1）变量的声明

DECLARE @变量名1　数据类型,@变量名2　数据类型,…

2）变量的赋值

SET @变量名＝表达式

3）变量的输出

SELECT @变量名
PRINT @变量名

例如：

```
DECLARE @AA INT,@BB INT
SET @AA=100
SET @BB=200
SELECT @AA+@BB
```

9.2　SQL Server 运算符及表达式

9.2.1　算术运算符

算术运算符主要用于数学算术运算，如表 9-2 所示。

表 9-2　算术运算符

序　号	运　算　符	含　义	举　例	结　果
1	＋	加	SELECT 5＋2	7
2	－	减	SELECT 5－2	3
3	＊	乘	SELECT 5＊2	10
4	/	除	SELECT 5/2	2.5
5	％	取余	SELECT 5％2	1

180

9.2.2 比较运算符

比较运算符主要是进行两个数据的比较,返回值为 TRUE 或 FALSE,如表 9-3 所示。

表 9-3 比较运算符

序　　号	运　算　符	含　　义
1	=	相等
2	<	小于
3	>	大于
4	<=	小于等于
5	>=	大于等于
6	!=、<>	不等于
7	!<	不小于
8	!>	不大于

9.2.3 逻辑运算符

逻辑运算符主要是和比较运算符结合使用的一种运算符,如表 9-4 所示。

表 9-4 逻辑运算符

运算符	运　算　规　则
AND	如果两个操作数值都为 TRUE,运算结果为 TRUE
OR	如果两个操作数中一个为 TRUE,运算结果为 TRUE
NOT	只有一个操作数,且该操作数值为 TRUE,运算结果为 FALSE,否则为 TRUE

9.3 SQL Server 数据类型

数据类型决定了数据在计算机中的存储格式、存储长度以及数据精度和小数位数等属性,因此可以说数据类型是用来表现数据特征的。在 SQL Server 中定义了二十余种系统数据类型,同时还允许用户自定义数据类型,在此仅介绍系统数据类型。

9.3.1 整型数据类型

整型数据类型用于存储整数,如表 9-5 所示。

表 9-5 整型数据类型

序　　号	数 据 类 型	长度/字节	说　　明
1	tinyint	1	$0 \sim 2^8 - 1$ 的整型数据
2	smallint	2	$-2^{15} \sim 2^{15} - 1$ 的整型数据
3	int	4	$-2^{31} \sim 2^{31} - 1$ 的整型数据
4	bigint	8	$-2^{63} \sim 2^{63} - 1$ 的整型数据

9.3.2 精确数值类型

精确数值类型数据是由整数部分和小数部分组成,如表 9-6 所示。

表 9-6 精确数值类型

序 号	数据类型	说 明
1	decimal(P,S)	$-10^{38}+1\sim10^{38}-1$ 之间的数
2	numeric(P,S)	$-10^{38}+1\sim10^{38}-1$ 之间的数

两个数据类型用法基本一样,其中,P 代表小数点左右的位数,最大值是 38 位;S 代表小数位,S 必须遵循 $0\leqslant S\leqslant P$,例如 Decimal(6,2),表示总计有 6 位,其中有两位小数,4 位整数。数据的精度和长度如表 9-7 所示。

表 9-7 精确数值类型的精度与长度

序 号	精 度	长度/字节
1	1~9	5
2	10~19	9
3	20~28	13
4	9~38	17

9.3.3 浮点型数值类型

浮点型数值类型主要用于表示近似数,如表 9-8 所示。

表 9-8 浮点型数值类型

序 号	数据类型	精 度	长度/字节	说 明
1	real	7	4	$-3.40E+38\sim3.40E+38$ 的浮点数
2	float	15	8	$-1.79E+308\sim1.79E+308$ 的浮点数

9.3.4 货币数据类型

货币数据类型主要是处理货币的数据类型,用十进制表示货币值,如表 9-9 所示。

表 9-9 货币数据类型

序 号	数据类型	长度/字节	说 明
1	smallmoney	4	$-2^{31}\sim+2^{31}-1$ 之间,精确到货币单位的千分之十
2	money	8	$-2^{63}\sim2^{63}-1$ 之间,精确到货币单位的千分之十

货币数据以十进制数表示货币量,在输入货币数据时应在数据前加一个适当的货币符号,以便系统辨识其为哪国的货币,如不加货币符号,则系统默认为"￥";输入负货币数据时在货币符号后面加一个减号(—)。如要指定 100 美元,则使用 ＄100。不同的货币符号可参阅 SQL Server 的货币符号。

9.3.5 日期和时间数据类型

日期时间型数据类型用于存储日期和时间数据,如表 9-10 所示。

表 9-10　日期和时间数据类型

序　号	数据类型	长度/字节	说　　　明
1	datetime	8	1753 年 1 月 1 日～9999 年 12 月 31 日的日期和时间数据,精确到百分之三秒(或 3.33 毫秒)
2	smalldatetime	4	1900 年 1 月 1 日～2079 年 6 月 6 日的日期和时间数据,精确到分钟

日期的格式可以设置,设置命令如下:

set dateformat ＜日期的顺序＞

有效的日期顺序参数包括 MDY、DMY、YMD、YDM、MYD 和 DYM。当语言设置为英语时,默认的日期格式为 MDY。

例如,执行 set dateformat YMD 后,日期格式为"年月日"形式。在输入日期数据时,在字符串中可以使用斜杠(/)、连字符(-)或圆点(.)作为分隔符,例如 1999/01/02、1999.01.02、1999-01-02 等格式。

9.3.6 ASCII 字符型数据类型

使用 ASCII 码时不同国家和地区的编码长度不一样,例如英文字母的编码是用 1 个字节(8 位)存储数据,中文汉字的编码是用两个字节(16 位)存储数据,如表 9-11 所示。

表 9-11　ASCII 字符型数据类型

序　号	数据类型	长　度	说　　　明
1	char	8000 个字符	定长字符串类型,若设置长度为 n,则输入的数据不足 n 个字节后面补空格,若输入的数据超过 n 个字节,则截断后存储
2	varchar	8000 个字符	变长字符串类型,若设置长度为 n,则输入的数据不足 n 个字节按输入实际长度存储,若输入的数据超过 n 个字节,则截断后存储
3	text	$2^{31}-1$ 个字符	变长字符串类型,与实际字符个数相同

9.3.7 Unicode 字符型数据类型

Unicode 是"统一字符编码标准",不管什么地区和国家都采用双字节(16 位)编码存储数据,如表 9-12 所示。

表 9-12　Unicode 数据类型

序　号	数据类型	长　度	说　　　明
1	nchar	4000 个字符	固定长度的 Unicode 数据
2	nvarchar	4000 个字符	可变长度 Unicode 数据
3	ntext	$2^{30}-1$ 个字符	可变长度 Unicode 数据

9.3.8 二进制型数据类型

二进制型数据类型表示位数据流,如表 9-13 所示。

表 9-13 二进制型数据类型

序　号	数据类型	长　度	说　明
1	binary	8000 个字符	固定长度的二进制数据
2	varbinary	8000 个字符	可变长度的二进制数据
3	image	$2^{31}-1$ 个字符	可变长度的二进制数据

其中,可以把 BMP、TIEF、GIF 和 JPEG 格式的图片或照片存储在 image 数据类型中。

9.4　SQL Server 常用函数

9.4.1 常用数学函数

数学函数可对类型为整型、浮点型、精确数值型和货币型的数据进行操作,返回一个数字值,如表 9-14 所示。

表 9-14　常用的数学函数

序号	函　数	功　能	举　例	结　果
1	ABS	求一个数的绝对值	SELECT ABS(−9)	9
2	PI	返回 π 的值	SELECT PI()	3.14159265358979
3	EXP	返回求 E 的指定次幂	SELECT EXP(1)	2.71828182845905
4	FLOOR	返回小于或等于指定数的最大整数	SELECT FLOOR(8.73)	8
5	CEILING	返回大于或等于指定数的最小整数	SELECT CEILING(8.73)	9
6	SQRT (X)	返回数值表达式的平方根	SELECT SQRT(2)	1.4142135623731
7	ROUND	四舍五入函数	SELECT ROUND (875.639,2)	875.640

其中,ROUND 函数在四舍五入时,如果第二个参数大于 0,表示四舍五入到几位小数;如果等于 0,表示四舍五入到整数;如果是负数,对整数位进行四舍五入,例如:

SELECT ROUND(875.639,0)是四舍五入到整数,得到的结果是 876;

SELECT ROUND(875.639,−1)对个位数进行四舍五入,得到的结果是 880。

9.4.2 日期和时间函数

日期和时间函数可对日期和时间型数据进行各种不同的运算处理,常用的日期和时间函数如表 9-15 所示。

表 9-15　SQL Server 日期和时间函数

日 期 部 分	功　能	举　例	结　果
GETDATE	返回系统日期和时间	SELECT GETDATE()	2014-03-01 8:30:45
YEAR	指定返回年份	SELECT YEAR('2014-3-1')	2014
MONTH	指定返回月份	SELECT MONTH('2014-3-1')	3
DAY	指定返回日期	SELECT DAY('2014-3-1')	1
DATEPART	返回指定日期和时间的数字	参数见表 9-16	用法见表 9-17

其中 DATEPART 函数中使用的参数如表 9-16 所示。

表 9-16　DATEPART 函数中使用的参数

序　号	参　数	参 数 缩 写	说　明
1	year	yy, yyyy	年
2	month	mm, m	月
3	day	dd, d	日
4	hour	hh	时
5	minute	mi, n	分
6	second	ss, s	秒

DATEPART 函数在使用时,参数也可以使用参数缩写,如表 9-17 所示,运行结果都一样。

表 9-17　DATEPART 函数用法

序　号	举　例	结　果
1	SELECT DATEPART(YEAR,'2014-3-1 8:30:45')	2014
2	SELECT DATEPART(MONTH,'2014-3-1 8:30:45')	3
3	SELECT DATEPART(DAY,'2014-3-1 8:30:45')	1
4	SELECT DATEPART(HOUR,'2014-3-1 8:30:45')	8
5	SELECT DATEPART(MINUTE,'2014-3-1 8:30:45')	30
6	SELECT DATEPART(SECOND,'2014-3-1 8:30:45')	45

9.4.3　字符串函数

字符串函数是对二进制数据、字符串和表达式执行不同的运算,返回字符串或数字值,常用的字符串函数如表 9-18 所示。

表 9-18　常用的字符串函数

序号	函数	功　能	示　例	结果
1	ASCII	计算字符串中第 1 个字符的 ASCII 码值	SELECT ASCII('ABC')	65
2	CHAR	把 ASCII 码值转换为字符	SELECT CHAR(65)	A
3	LEFT	返回字符串中左边开始的 N 个字符	SELECT LEFT ('ABCDEFGH',3)	ABC
4	RIGHT	返回字符串中右边开始的 N 个字符	SELECT RIGHT ('ABCDEFGH',3)	FGH
5	LEN	计算字符串的长度	SELECT LEN('ABCDEFGH')	8
6	LOWER	把大写字符数据转换为小写	SELECT LOWER('ABC')	abc

续表

序号	函数	功　　能	示　　例	结果
7	UPPER	把小写字符数据转换为大写	SELECT UPPER('abc')	ABC
8	LTRIM	删除字符串前导空格	SELECT LTRIM(' ABC')	ABC
9	RTRIM	删除字符串尾部空格	SELECT RTRIM('ABC ')	ABC
10	SPACE	生成 N 个空格组成的字符串	SELECT 'A'+SPACE(2)+'B'	A B
11	STR	把数字转换成字符串	SELECT STR(123.451,6,2)	123.45
12	STUFF	对字符串进行删除和插入	SELECT STUFF('ABCDEF', 2,2,'123')	A123DEF
13	SUBSTRING	对字符串进行截取	SELECT SUBSTRING ('ABCDEF',2,2)	BC

9.5　SQL Server 程序流程控制语句

在使用 SQL 语句设计程序时,通常需要按照指定的条件进行控制转移或重复执行某些操作,从而改变语句的执行顺序满足程序设计的需要,这个过程可以通过流程控制语句来实现。

9.5.1　IF 选择语句

在程序中,如果要对给出的条件进行判断,并根据判断结果执行不同的 SQL 语句,可以用 IF…ELSE 语句实现。

IF…ELSE 语句的语法格式为:

```
IF 条件表达式
    语句组 1
ELSE
    语句组 2
```

IF…ELSE 语句的执行过程是:如果 IF 后面的条件表达式的值为 True,则执行语句组 1,否则执行语句组 2。

9.5.2　While 循环语句

While 用于重复执行程序中的语句组,While 内的语句组称为循环体。

While 语句的语法格式为:

```
While 条件表达式
    语句组
```

While 语句的执行过程是:如果 While 后面的条件表达式的值为 True,则执行循环体语句,否则退出循环,执行 While 循环后面的语句。每次执行完循环体程序都重新测试条件表达式的值,判断是否执行循环体。

9.5.3　BEGIN…END 语句

在选择和循环等流程控制语句中,要将两个或两个以上的 SQL 语句作为一个整体时,需要使用 BEGIN…END 语句,也就是说,使用 BEGIN…END 语句可以将多个 SQL

语句组合成一个语句组,将其视为一个整体来处理。

BEGIN…END 语句的语法格式为:

```
BEGIN
     语句组
END
```

9.5.4 控制语句

使用 SQL 设计程序时,除了上述流程控制语句外,还有一部分控制语句也可改变语句的执行过程,这些控制语句及含义如表 9-19 所示。

表 9-19　SQL Server 流程控制语句

序　　号	语　　　句	含　　　义
1	GOTO	无条件转移语句
2	CONTINUE	退出本次循环开始下一次循环
3	BREAK	退出循环
4	RETURN	无条件返回
5	WAITFOR	为语句的执行设置延迟

9.6　本章教学案例

9.6.1　求一个数的绝对值

📖 案例描述

在 SQL Server 2005 中新建查询,编写 SQL 语句,实现求一个数的绝对值,将查询文件保存为 SQL9-01.sql。

🖥 最终效果

本案例的最终效果如图 9-1 所示。

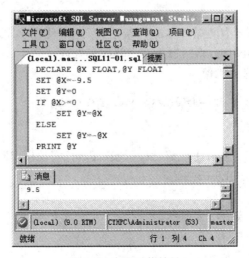

图 9-1　求绝对值结果

✍**案例实现**

所编写代码如图 9-1 所示。

☞**知识要点分析**

(1) 使用 DECLARE 定义变量,在定义变量时需注意变量类型。

(2) 输出变量时可以使用 SELECT 也可以使用 PRINT。

9.6.2　求 1~100 的和

📖**案例描述**

在 SQL Server 2005 中新建查询,编写 SQL 语句,实现求 1~100 的和,将查询文件保存为 SQL9-02. sql。

🖥**最终效果**

本案例的最终效果如图 9-2 所示。

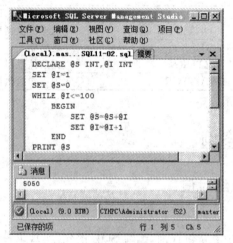

图 9-2　1~100 求和结果

✍**案例实现**

所编写代码如图 9-2 所示。

☞**知识要点分析**

(1) 在 WHILE 循环中的循环体非一条语句,此时使用 BEGIN…END 语句将多个 SQL 语句组合成一个语句组,将其视为一个整体来处理。

(2) 通过 SET 来完成赋值。

9.6.3　通过 BREAK 控制循环求 1~100 的和

📖**案例描述**

在 SQL Server 2005 中新建查询,编写 SQL 语句,实现用 BREAK 语句求 1~100 的和,将查询文件保存为 SQL9-03. sql。

🖥**最终效果**

本案例的最终效果如图 9-3 所示。

✍**案例实现**

所编写代码如图 9-3 所示。

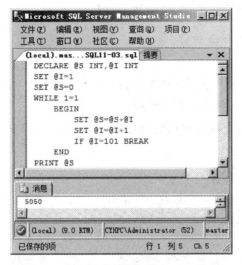

图 9-3　用 BREAK 语句求 1～100 的和

🖫 知识要点分析

（1）WHILE 后面的循环条件为 TRUE，代表循环永远执行。

（2）通过 IF 后面的条件进行判断，当条件成立时执行 BREAK 退出循环。

9.6.4　通过 CONTINUE 控制循环求 1～100 中能被 3 和 7 同时 整除的数的个数

📖 案例描述

在 SQL Server 2005 中新建查询，编写 SQL 语句，实现用 CONTINUE 语句求 1～ 100 中能被 3 和 7 同时整除的数的个数，将查询文件保存为 SQL9-04.sql。

🖵 最终效果

本案例的最终效果如图 9-4 所示。

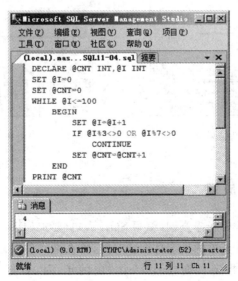

图 9-4　1～100 中能被 3 和 7 同时整除的数的个数

✍案例实现

所编写代码如图 9-4 所示。

☜知识要点分析

(1) CONTINUE 一般用在循环语句中,用于结束本次循环,重新开始下一次循环。

(2) ％用来求余数,余数为 0 即为整除。

(3) 满足条件的数的个数累加到变量 CNT 中,最后通过 PRINT 语句输出结果。

9.7 本章课外实验

9.7.1 数据奇偶判断

在 SQL Server 2005 中新建查询,编写 SQL 语句,实现判断一个数的奇偶,将查询文件保存为 KSSQL9-01.sql,效果如图 9-5 所示。

9.7.2 计算 10 的阶乘

在 SQL Server 2005 中新建查询,编写 SQL 语句,计算 10 的阶乘,将查询文件保存为 KSSQL9-02.sql,效果如图 9-6 所示。

图 9-5 奇偶判断结果

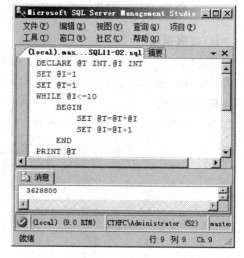

图 9-6 阶乘结果

9.7.3 SQL 函数的应用

在 SQL Server 2005 中新建查询,编写 SQL 语句,要求如下。

(1) 通过函数返回计算机的系统日期和时间,将查询文件保存为 KSSQL9-03.sql。

(2) 通过函数返回指定日期"2014-5-14"中的年、月、日部分,将查询文件保存为 KSSQL9-04.sql。

（3）通过函数将字符串"abcdefghicdef"中的"cde"用"xxx"替换，将查询文件保存为
KSSQL9-05. sql。

（4）通过函数将字符串"abcdef"从第二个位置开始的三个字符删除，在删除的位置插
入字符串"ijklmn"，将查询文件保存为 KSSQL9-06. sql。

（5）通过函数将字符串"内蒙古财经大学计算机学院"中的"计算机"字符串截取出
来，将查询文件保存为 KSSQL9-07. sql。

（6）通过函数返回字符串"内蒙古财经大学计算机学院"的长度，将查询文件保存为
KSSQL9-08. sql。

第 10 章　SQL Server 数据库与数据表

本章说明

数据库与数据表是 SQL Server 用于组织和管理的基本对象,本章主要是通过图形方式或命令方式创建数据库和数据表,掌握数据库与数据表的使用。

本章主要内容

➢ 数据库的设计。
➢ 数据库的操作。
➢ 数据表的操作。

📖 本章拟解决的问题

(1) 系统数据库 master、tempdb、model 和 msdb 的作用是什么？

(2) 数据库中的数据文件、日志文件各有什么作用？

(3) 什么是文件组？

(4) 如何通过图形方式创建数据库和管理数据库？

(5) 如何对数据库进行附加和分离？

(6) 如何通过图形方式创建数据表和管理数据表？

(7) 如何通过图形方式添加、修改和删除数据表中的记录？

(8) 如何实现数据的导入和导出？

10.1　SQL Server 数据库简介

数据库是按照二维表结构的方式组织数据的，数据库中的每个表都称为一个关系。二维表是由行和列组成的，表中的行称为元组，也称为记录，表中的列称为属性，也称为字段。

10.1.1　系统数据库

在安装 SQL server 2005 的过程中系统会自动创建 4 个系统数据库，分别是：master 数据库、model 数据库、msdb 数据库和 tempdb 数据库，作用如表 10-1 所示。

表 10-1　系统数据库

序　　号	数据库名称	说　　明
1	master	master 数据库记录 SQL Server 登录账号、系统配置、数据库位置、用于控制用户数据库和 SQL Server 的启动运行
2	model	model 数据库为创建新的数据库提供模板
3	msdb	msdb 数据库为 SQL Server 调度信息和作业记录提供存储空间
4	tempdb	tempdb 数据库是为临时表和临时存储过程提供存储空间，所有系统用户的临时表和临时存储过程都存储在该数据库中

10.1.2　数据库的存储结构

SQL Server 2005 数据库包含一个数据文件和一个日志文件。数据文件包含数据和对象，例如表、索引、存储过程和视图等。日志文件包含数据库中的所有事务信息。数据和日志信息从不混合在一个文件中，为了便于分配和管理，可以将数据文件集合起来，放到文件组中。

1. 数据库文件

SQL Server 2005 数据库具有三种类型的文件，如表 10-2 所示。

表 10-2 数据文件类型

序　号	文件类型	说　明
1	主数据文件	主数据文件是数据库的关键文件,包含数据库的启动信息,并指向数据库中的其他文件。一个数据库必须有一个主数据文件,主数据文件的默认扩展名是 MDF
2	辅助数据文件	辅助数据文件用于存储未包含在主数据文件以外的其他数据,辅助数据文件是可选的,辅助数据文件的默认扩展名是 NDF。一个数据库可以不含任何辅助数据文件,也可以含有多个辅助数据文件
3	日志文件	日志文件包含着用于恢复数据库的所有日志信息,凡是对数据库进行的增加、删除、修改等操作,都会记录在日志文件中,事务日志文件的默认扩展名为 LDF

说明:

(1) SQL Server 2005 不强制使用 MDF、NDF 和 LDF 文件扩展名,但使用它们有助于标识文件的各种类型和用途。

(2) 创建一个数据库至少应该包含主文件和日志文件。

2. 数据库文件组

为了便于分配和管理,SQL Server 允许将多个数据文件归纳为同一组,并赋予此组一个名称,这就是文件组。文件组分为主文件组和用户定义文件组,如表 10-3 所示。

表 10-3 文件组分类

序　号	文件组分类	说　明
1	PRIMARY 主文件组	每个数据库有一个主要文件组,主文件组包含主数据文件和任何没有明确分配给其他文件组的所有辅助数据文件。所有系统表都被分配到主要文件组中
2	用户定义文件组	用户通过 CREATE DATABASE 或 ALTER DATABASE 语句中使用 FILEGROUP 关键字创建或修改数据库时指定的文件组

说明:

(1) 一个文件和文件组只能被一个数据库使用。

(2) 一个文件只能是一个文件组的成员。

(3) 日志文件不包括在文件组内,日志空间与数据空间分开管理。

(4) 每一个数据库都有一个默认的文件组,没有指明默认的文件组时,主文件组为默认的文件组。

10.2 数据库操作

建立数据库的第一种方法是通过图形方式创建数据库;第二种方法是使用 Transact-SQL 创建数据库。

10.2.1 以图形方式操作数据库

1. 以图形方式创建数据库

打开 SQL Server Management Studio 窗口展开服务器。右击"数据库",在弹出的快捷菜单中单击"新建数据库"命令,如图 10-1 所示。

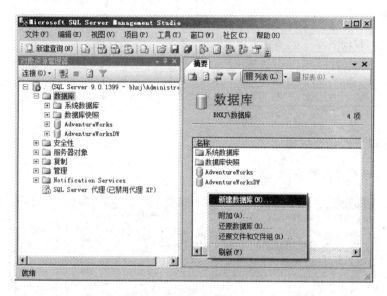

图 10-1 新建数据库

在"数据库名称"文本框内输入数据库的名称,如"XSCJ",如图 10-2 所示。

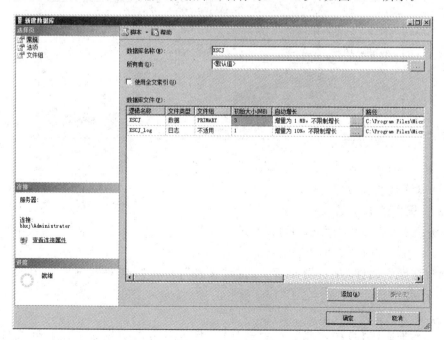

图 10-2 新建 XSCJ 数据库

在创建 XSCJ 数据库时，要指明以下选项，如表 10-4 所示。

表 10-4　创建数据库的选项设置

序号	名　称	含　义
1	逻辑名称	是所有 Transact-SQL 语句中引用物理文件时所使用的名称，逻辑文件名必须符合 SQL Server 标识符规则，而且在数据库中的逻辑文件名必须是唯一的，日志文件会自动加"_log"
2	文件类型	指明是数据文件还是日志文件
3	初始大小	指明数据文件和日志文件初始的容量
4	自动增长	指明数据文件增长的比例，可设置文件增长方式是以兆字节增长还是以百分比增长
5	路径与文件名	指明物理文件存储的位置，它必须符合操作系统文件命名规则

2. 以图形方式修改数据库

（1）重命名或删除数据库，如图 10-3 所示。

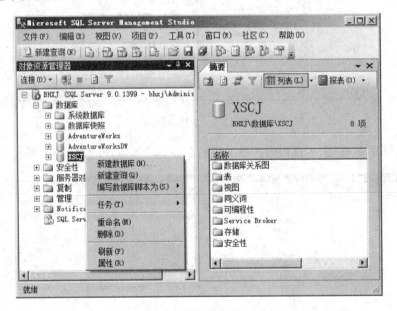

图 10-3　数据库操作

（2）添加或删除数据文件。

（3）添加或删除日志文件。

（4）改变数据文件的大小和增长方式。

（5）改变日志文件的大小和增长方式。

通过数据库属性，在左侧面板中选择"文件"，可以实现对数据库以上的修改，如图 10-4 所示。

（6）添加或删除文件组。

通过数据库属性，在左侧面板中选择"文件组"，可以实现添加或删除文件组，如图 10-5 所示。

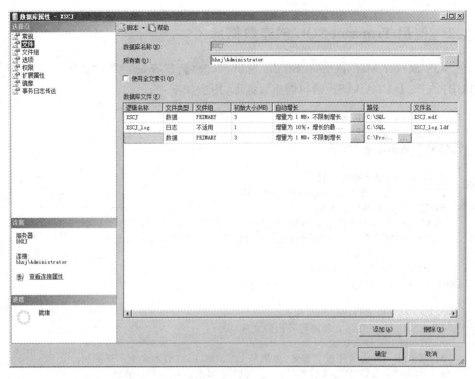

图 10-4　修改结果

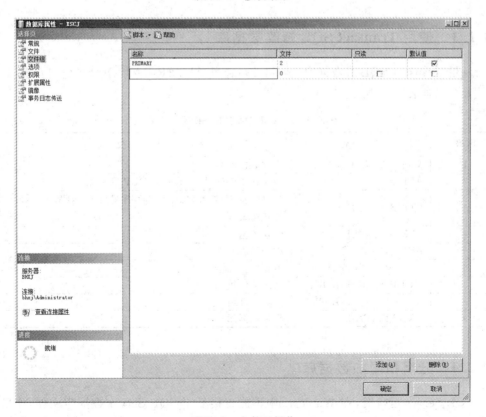

图 10-5　文件组操作

10.2.2　使用 Transact-SQL 创建数据库

在 SQL Server Management Studio 窗口,单击"新建查询"打开"代码编辑器"窗口,利用 CREATE DATABASE 语句创建数据库,用法如下:

```
CREATE DATABASE 数据库名
ON 用来定义数据文件
PRIMARY 用来定义主文件组
(
    NAME＝数据文件的逻辑名称,
    FILENAME＝'数据文件路径及物理文件名',
    SIZE＝数据文件初始大小,
    MAXSIZE＝数据文件最大容量,如果是 UNLIMITED 表示容量不受限制,
    FILEGROWTH＝数据文件增长比例,可以是 MB,也可以是百分比
)
FILEGROUP 用户定义的文件组
LOG ON 用来定义日志文件
(
    NAME＝日志文件的逻辑名称,
    FILENAME＝'日志文件路径及物理文件名',
    SIZE＝日志文件初始大小,
    MAXSIZE＝日志文件最大容量,如果是 UNLIMITED 表示容量不受限制,
    FILEGROWTH＝日志文件增长比例,可以是 MB,也可以是百分比
)
```

10.2.3　使用 Transact-SQL 修改数据库

利用 Transact-SQL 对数据库实施修改可通过 ALTER DATABASE 语句实现,具体格式及含义如表 10-5 所示。

表 10-5　ALTER DATABASE 语句格式

序号	短　语	含　义
1	MODIFY NAME＝	修改数据库名
2	ADD FILE	添加数据文件 TO FILEGROUP 文件组名
3	MODIFY FILE	修改数据文件 NAME＝文件旧逻辑名,NEWNAME＝文件新逻辑名
4	REMOVE FILE	删除数据文件 WITH DELETE
5	ADD LOG FILE	添加日志文件
6	ADD FILEGROUP	增加新文件组
7	MODIFY FILEGROUP	修改文件组
8	REMOVE FILEGROUP	删除文件组
9	DROP DATABASE	删除数据库

10.2.4　分离和附加数据库

SQL Server 运行时,在 Windows 中不能直接复制 SQL Server 数据库文件,如果想复制 SQL Server 数据库文件,就要将数据库从 SQL Server 服务器中分离出去。

SQL Server数据库与数据表

1. 分离数据库

分离数据库是指将数据库从 SQL Server 中移除,但使数据文件和事务日志文件仍然存在于创建时的文件夹下面。在要分离的数据库上面右击,选择"任务"→"分离"命令,如图 10-6 所示。

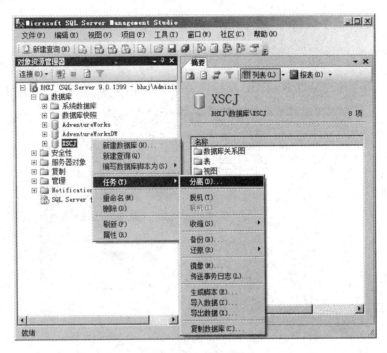

图 10-6　分离数据库

2. 附加数据库

右击"数据库",在弹出的快捷菜单中单击"附加"命令,如图 10-7 所示。

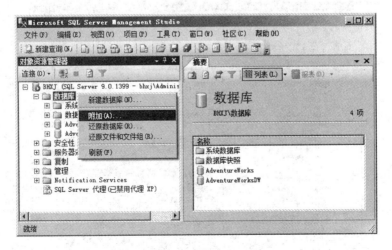

图 10-7　附加数据库

10.3 数据表的操作

在 SQL Server 2005 数据库的管理中，当数据库创建好之后，接下来所要做的工作是创建数据表（以下简称表）。

10.3.1 用图形方法操作表

1. 新建表

在 XSCJ 数据库中选择表，右击，在快捷菜单中选择"新建表"命令，如图 10-8 所示。

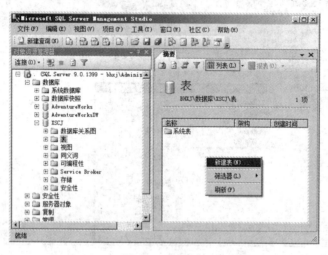

图 10-8　新建表

2. 输入表结构

表结构的创建如图 10-9 所示。

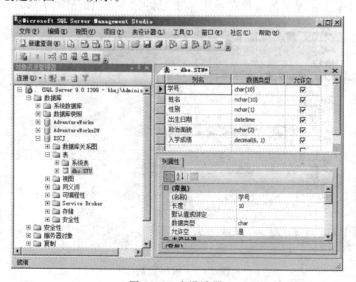

图 10-9　表设计器

创建数据表时各个字段选项的含义如表 10-6 所示。

表 10-6 各字段选项的含义

序 号	字段选项	含 义 说 明
1	列名	字段名称
2	数据类型	字段的数据类型。用户可以从下拉列表中选择一种系统数据类型或用户自定义数据类型
3	长度	数据类型长度。对字符数据类型需指定长度,可直接在"长度"列中输入。对 numeric 和 deciaml 数据类型需要指定精度,即在"精度"和"小数位数"中输入相应的数字,则数据类型长度自动计算填充
4	允许空	指定字段是否允许为空(NULL)值。不允许为空的字段,在插入或修改数据时必须输入数据,否则会出现错误
5	描述	说明该字段的含义
6	默认值	设置字段的默认值,新增记录时如没有指定字段的值,则自动使用默认值
7	精度	numeric 和 deciaml 数据类型的长度
8	小数位数	numeric 和 deciaml 数据类型中的小数位数
9	标识、标识种子、标识递增量	用来设置字段的自动编号属性。字段的类型必须是 tinyint、smallint、int、numeric(p,0)和 deciaml(p,0)数据类型,并且每张表只能有一个标识字段。清除"允许空"列中的复选框,"标识"列为"是","标识种子"为自动编号的起始值,"标识递增量"为编号的增量

3. 修改表结构

在表结构中插入、删除列,方法是在表设计器窗口的上部网格中右击该字段,在弹出的菜单中选择"插入列"或"删除列"命令,如图 10-10 所示。

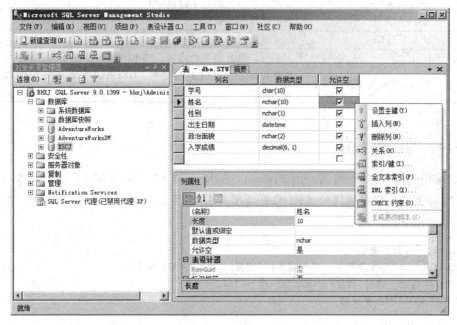

图 10-10　修改表结构

4．保存表

单击表设计器工具栏上的"保存"按钮，出现"选择名称"对话框，如图 10-11 所示，输入"STU"并单击"确定"按钮，关闭表设计器完成表的定义。

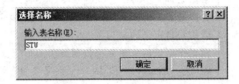

图 10-11　"选择名称"对话框

10.3.2　使用 Transact-SQL 创建表结构

使用 Transact-SQL 语句 CREATE TABLE 创建表结构，具体用法如下：

CREATE TABLE 表名
（字段名　类型（宽度）NULL ｜ NOT NULL PRIMARY KEY ｜ UNIQUE
DEFAULT 默认值 IDENTITY 标识列的起始值,标识列的增值，…n
ON 文件组名｜ DEFAULT
）

其中的语法含义如表 10-7 所示。

表 10-7　CREATE TABLE 语句语法含义

序号	语　　句	含　　义
1	NULL ｜ NOT NULL	指定字段是否允许为空，默认为 NULL
2	PRIMARY KEY｜UNIQUE	字段设置为主键或字段值唯一
3	DEFAULT	指定字段的默认值
4	IDENTITY	定义该字段是一个标识列
5	…n	表明可以重复前面的内容。在本语法中表明可以定义多个字段
6	ON 文件组名 DEFAULT	指定在哪个文件组上创建表。DEFAULT 表示将表存储在默认文件组中

10.3.3　修改数据表

表结构创建好以后，可以使用 Transact-SQL 语句 ALTER TABLE 根据需要对它进行修改，修改的内容包括列的名称、数据类型、数据长度、表的名称等，还可以增加列、删除列等，具体用法如下：

ALTER TABLE 表名
ALTER COLUMN 字段名　新数据类型（宽度）NULL ｜ NOT NULL
ADD 字段名　类型（宽度） NULL ｜ NOT NULL
DROP COLUMN 字段名

语法含义如表 10-8 所示。

表 10-8　语法含义

序　号	语　句	含　义
1	ALTER TABLE 表名	要修改结构的表的名称
2	ALTER COLUMN	表明要更改字段,<字段名>是要更改的字段的名称,<新数据类型>(<宽度>)[NULL | NOT NULL]是指定更改后的数据类型等内容
3	ADD 字段名	表明添加新的字段
4	DROP COLUMN <字段名>	表明删除字段

10.3.4　表结构的删除

如果不再需要使用某个数据表时,可以将其删除。数据表一旦被删除,表的结构、表中的数据、约束、索引等都将被永久地删除。删除表可以通过对象资源管理器完成,也可以通过 DROP TABLE 语句完成。

DROP TABLE 表名

10.3.5　使用 INSERT 语句插入记录

INSERT 语句的用法:

INSERT INTO 表名(字段名 1,字段名 2,…)
VALUES (字段值 1,字段值 2,…)

说明:

(1) 要插入数据的表必须是已经存在的,不能向不存在的表中插入数据。

(2) 一个 INSERT 语句一次只能插入一条记录。如果要插入 n 条记录,就要书写 n 个 INSERT 语句。

(3) 若要向表中的所有列都插入数据,字段名可以省略。

(4) 字段值要与字段名在数量、顺序、数据类型上保持一致。

(5) 若输入的字段值类型为字符型或日期型,则必须用单引号括起来。

10.3.6　使用 UPDATE 语句修改记录

UPDATE 语句的用法:

UPDATE 表名
SET 字段名 1=字段值 1,字段名 2=字段值 2 NULL|DEFAULT
WHERE 修改的条件

语法含义如表 10-9 所示。

表 10-9　语法含义

序　号	语　　句	含　　义
1	UPDATE 表名	要修改数据的表的名称
2	字段名 1＝字段值 1 NULL ｜ DEFAULT	将字段名 1 的值修改为字段值 1 或空或默认值
3	WHERE 修改的条件	设置修改的条件,是用来做筛选的,表明满足条件的记录才会执行 SET 操作,该子句可以省略,这时表明所有的记录都做 SET 操作

10.3.7　使用 DELETE 语句删除数据

DELETE 语句的用法:

DELETE FROM 表名
WHERE 删除的条件

语法含义如表 10-10 所示。

表 10-10　语法含义

序　号	语　　句	含　　义
1	DELETE FROM 表名	要删除数据的表的名称
2	WHERE 删除的条件	设置删除的条件。是用来做筛选的,表明满足<删除的条件>的记录才会被删除,若省略了该子句,则表明是要删除表中所有记录,这时就成了一个空表

10.4　数据的导入与导出

在实际工作中,任何数据库系统都需要和外界交换数据,有些数据可能存储在 Excel、Access、VFP 等数据库中,用户有时需要在 SQL Server 中利用这些数据,而有时又要将 SQL Server 数据库中的数据输出到其他数据库中保存,这就需要用一种工具能将 SQL Server 数据与其他数据库中的数据进行转换。SQL Server 提供了一种很容易地将 SQL Server 数据库中的数据与其他数据库数据进行转换的方法,这就是数据传输服务(Data Transformation Services,DTS)。通过 DTS 用户可以进行不同数据源间的数据导入、导出和转换。

10.4.1　数据的导入

数据的导入是指将其他数据源的数据插入到 SQL Server 数据库中的过程。下面通过将一个 Excel 工作簿 STU 导入 SQL Server 数据库 SJDR 为例,说明导入数据的步骤。

(1) 在对象资源管理器中依次展开"服务组"、"服务器"、"数据库"结点,并在展开要导入数据的 SJDR 数据库项上右击,在弹出的如图 10-12 所示的快捷菜单中选择"任务"→"导入数据"命令,就会打开"SQL Sever 导入和导出向导"对话框。

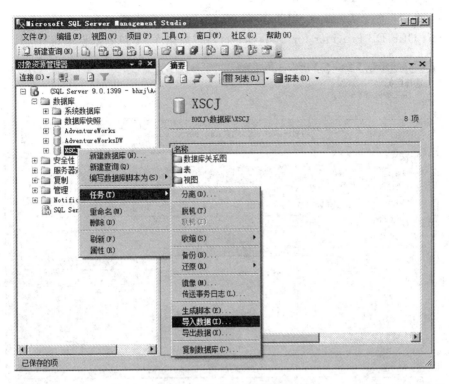

图 10-12　数据导入快捷菜单

（2）单击"下一步"按钮，出现如图 10-13 所示的导入导出的"选择数据源"窗口，在"数据源"下拉列表框中选择 Microsoft Excel。在"Excel 文件路径"文本框中选择要导入的文件的路径和文件名。

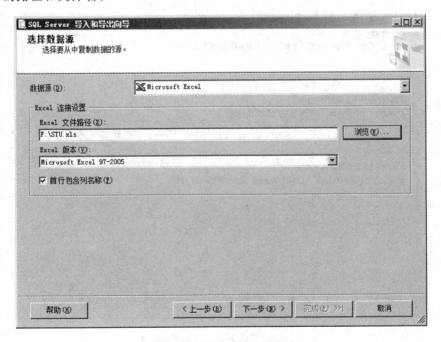

图 10-13　"选择数据源"窗口

（3）单击"下一步"按钮，出现如图 10-14 所示的"选择目标"窗口。"目标"选择 Microsoft OLE DB Provider for SQL Server，在"数据库"下拉列表框中选择 SJDR。

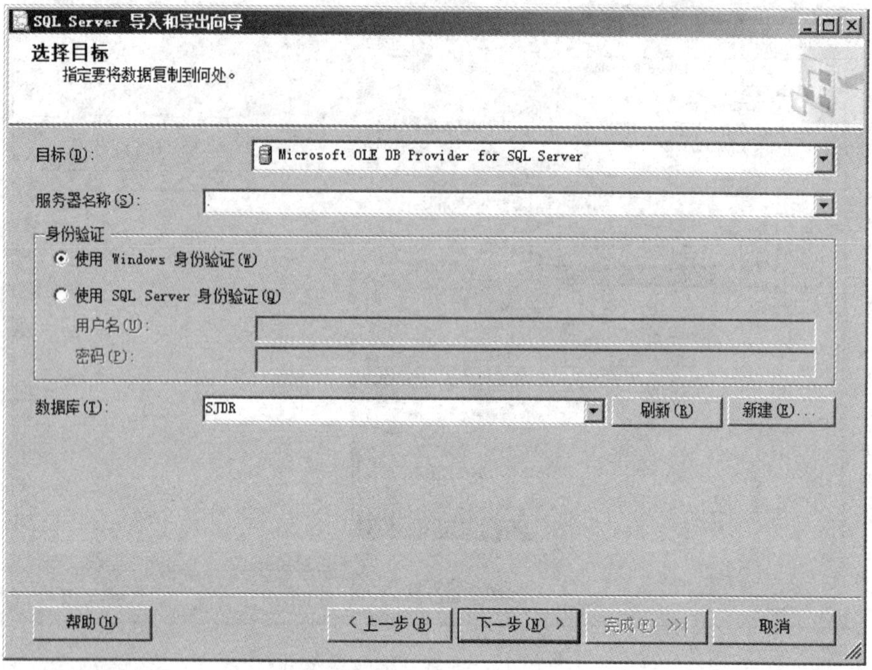

图 10-14　"选择目标"窗口

（4）单击"下一步"按钮，出现"指定表复制或查询"窗口。选中"复制一个或多个表或视图的数据"单选按钮，如图 10-15 所示。

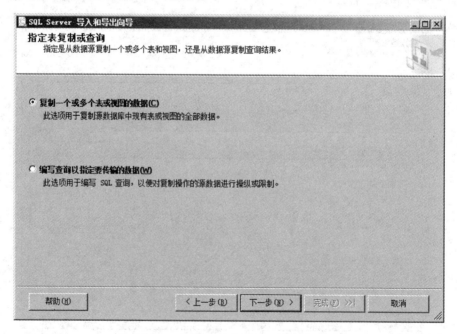

图 10-15　"指定表复制或查询"窗口

（5）单击"下一步"按钮，出现如图 10-16 所示的"选择源表和源视图"窗口。在"源"栏内选择源数据（Excel 工作表），本例选择 Sheet1。如果要改变导入以后的表名，可以直接在"目标"栏修改表名；如果要修改目标表中的字段属性，可单击"编辑"按钮后修改。单击"预览"按钮可以显示当前源数据。

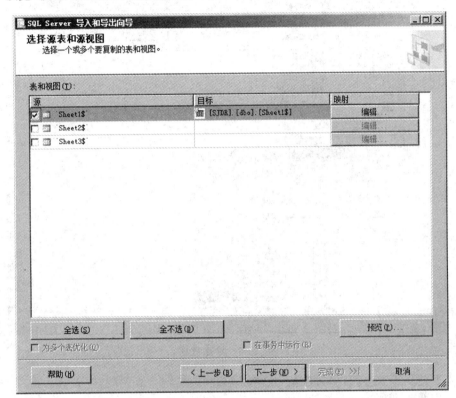

图 10-16　"选择源表和源视图"窗口

（6）单击"下一步"按钮，出现"保存并执行包"窗口。单击"下一步"按钮，单击"完成"按钮出现执行成功报告。

10.4.2　数据的导出

数据的导出是指将 SQL Server 中的数据导出为用户指定格式存储的过程，例如，将 SQL Server 表的内容导出成为 Excel 文件。使用 DTS 向导完成数据的导出工作的步骤和数据的导入过程相似，主要是确定好数据的源和目标。

（1）在对象资源管理器中依次展开"服务组"、"服务器"、"数据库"结点，并在展开要导入数据的 XSCJ 数据库右击，在弹出的如图 10-12 所示的快捷菜单中选择"任务"→"导出数据"命令，如图 10-17 所示，就会打开"SQL Server 导入和导出向导"窗口。

（2）单击"下一步"按钮，出现如图 10-18 所示的导入导出的"选择数据源"窗口，在"数据源"下拉列表框中选择 Microsoft OLE DB Provider for SQL Server。在"数据库"下拉列表框中选择要导出的数据库。

图 10-17　导出数据

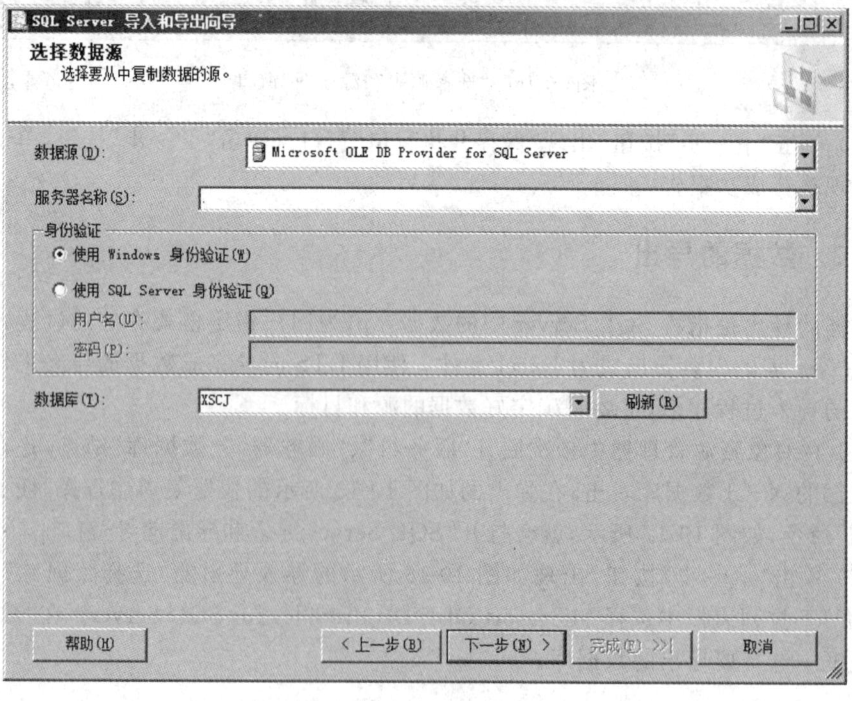

图 10-18　"选择数据源"窗口

（3）单击"下一步"按钮，出现如图 10-19 所示的"选择目标"窗口。"目标"选择 Microsoft Excel，在"Excel 文件路径"中选择 C 盘下的 SQL 文件夹，名称为"学生成绩"的数据表。

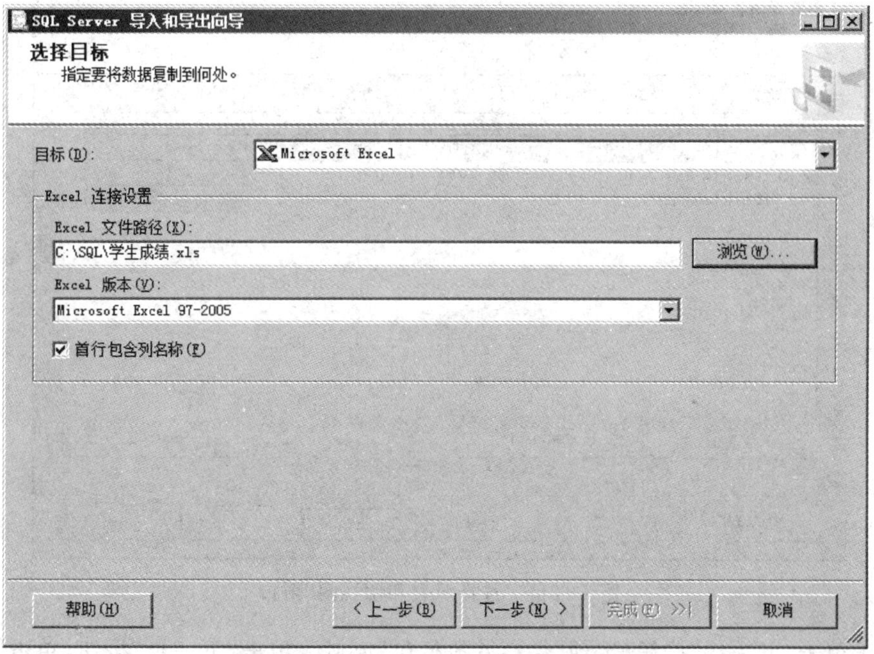

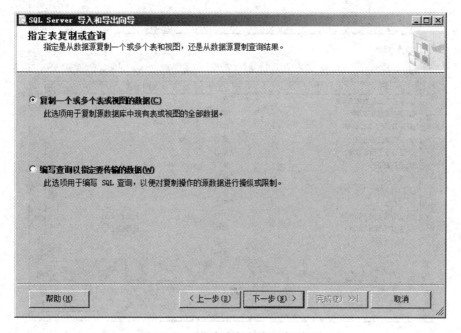

图 10-19　"选择目标"窗口

（4）单击"下一步"按钮，出现"指定表复制或查询"窗口。选中"复制一个或多个表或视图的数据"单选按钮，如图 10-20 所示。

图 10-20　"指定表复制或查询"窗口

（5）单击"下一步"按钮，出现如图 10-21 所示的"选择源表和源视图"窗口。选择要导出的数据表，单击"预览"按钮可以显示当前源数据。

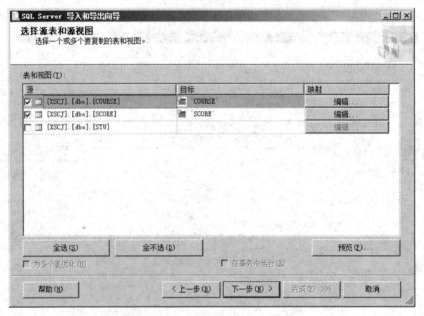

图 10-21　"选择源表和源视图"窗口

（6）单击"下一步"按钮，出现"保存并执行包"窗口。单击"下一步"按钮，单击"完成"按钮出现执行成功报告，如图 10-22 所示。

图 10-22　"执行成功"窗口

10.5 本章教学案例

10.5.1 图形方式创建 XSCJ 数据库

📖 **案例描述**

通过图形方式创建 XSCJ 数据库，要求如下。

(1) 初始大小为 10MB，最大为 50MB，数据库自动增长方式按 10％比例增长；

(2) 日志文件初始大小为 2MB，最大为 5MB，按 1MB 增长；

(3) 在 C 盘中新建文件夹 SQL，设置存放路径均为 C:\SQL。

💻 **最终效果**

本案例的最终效果如图 10-23 所示。

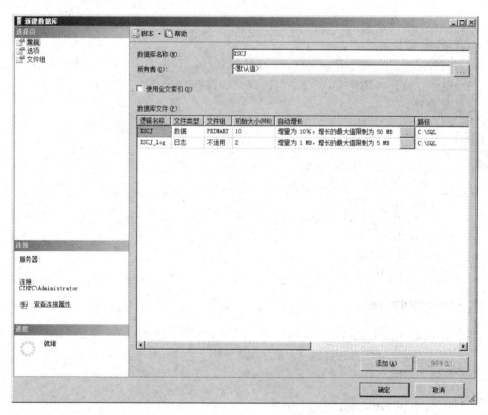

图 10-23　图形方式创建 XSCJ 数据库示意图

✍ **案例实现**

(1) 开始 → 所有程序 → Microsoft SQL Server 2005 → SQL Server Management Studio → 连接。

(2) 对象资源管理器 → 右击数据库 → 新建数据库。

(3) 输入数据库名称，并根据题意设置数据库初始大小为 10MB，最大为 50MB，数据库自动增长方式按 10％比例增长。

（4）设置日志文件初始大小为 2MB，最大为 5MB，按 1MB 增长。

（5）确定。

☞知识要点分析

（1）设置文件增长，既可按百分比，又可按 MB 控制文件增长。

（2）不论是主文件还是日志文件，它们的最大值受硬盘空间的限制。

10.5.2 命令方式创建数据库

📖案例描述

在 SQL Server 2005 中通过 SQL 数据库命令创建数据库，要求如下。

（1）创建一个具有两个文件组的数据库 DB1。

（2）主文件组包括文件 db1_dat1，文件初始大小为 10MB，最大为 100MB，按 10％ 增长。

（3）第二个文件组名为 db1G1，包括文件 db1_dat2，文件初始大小为 5MB，最大为 30MB，按 5MB 增长。

（4）该数据库只有一个日志文件，初始大小为 20MB，最大为 100MB，按 10MB 增长。

（5）设置存放路径均为 C:\SQL，将查询文件保存为 SQL10-01.sql。

✍案例实现

```
CREATE DATABASE DB1
    ON
    PRIMARY
(
    NAME= 'DB1_DAT1',
    FILENAME= 'C:\SQL\DB1_DAT1.MDF',
    SIZE=10MB,
    MAXSIZE=100MB,
    FILEGROWTH=10％
),
    FILEGROUP DB1G1
(
    NAME= 'DB1_DAT2',
    FILENAME= 'C:\SQL\DB1_DAT2.NDF',
    SIZE=5MB,
    MAXSIZE=30MB,
    FILEGROWTH=5MB
)
    LOG ON
(
    NAME= 'DB1_LOG',
    FILENAME= 'C:\SQL\DB1_LOG.LDF',
    SIZE=20MB,
    MAXSIZE=100MB,
    FILEGROWTH=10MB
)
```

☜知识要点分析

(1) ON 子句：指定数据文件和文件组属性。

(2) LOG ON 子句：指定日志文件属性。

10.5.3 图形方式创建数据表

📖案例描述

在 10.5.1 节中所创建的数据库 XSCJ 中，通过图形方式创建数据表 STU、SCORE、COURSE，根据最终效果图创建表结构，输入表记录。

🖥最终效果

STU 数据表结构如图 10-24 所示。

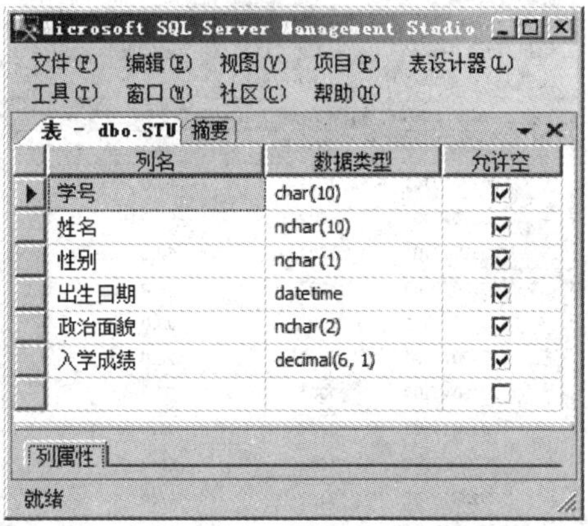

图 10-24 STU 数据表结构

STU 数据表记录如图 10-25 所示。

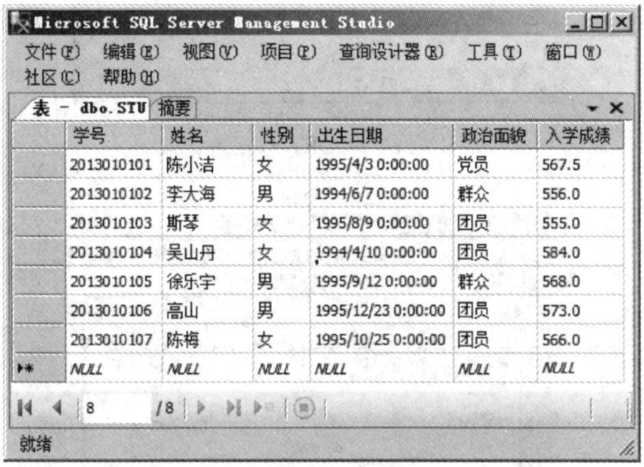

图 10-25 STU 数据表记录

SCORE 数据表结构如图 10-26 所示。

SCORE 数据表记录如图 10-27 所示。

COURSE 数据表结构如图 10-28 所示。

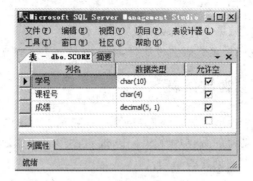

图 10-26   SCORE 数据表结构

图 10-27   SCORE 数据表记录

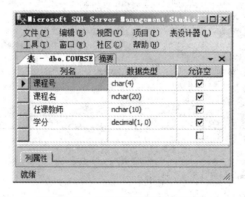

图 10-28   COURSE 数据表结构

COURSE 数据表记录如图 10-29 所示。

图 10-29　COURSE 数据表记录

✍案例实现

（1）对象资源管理器→数据库→XSCJ→右击表→新建表。

（2）根据效果图输入 STU 表结构。

（3）文件→保存→输入数据表名"STU"。

（4）XSCJ→表→右击 STU→打开表。

（5）根据效果图输入 STU 表记录。

（6）SCORE 数据表和 COURSE 数据表操作同 STU 数据表一样。

☞知识要点分析

（1）在创建表结构时，需要注意空值的设置，空值通常表示未知、不可用或将在以后添加的数据。

（2）若一个字段允许为空值，则向表中输入记录值时可不为该列给出具体值；而一个字段若不允许为空值，则在输入时必须给出具体值。

10.5.4　命令方式创建数据表

📖案例描述

在 10.5.1 表中所创建的数据库 XSCJ 中，通过命令方式创建数据表 STU1，根据最终效果图创建表结构，将查询文件保存为 SQL10-02.sql。

🖥最终效果

本案例的最终效果如图 10-30 所示。

✍案例实现

```
USE XSCJ
CREATE TABLE STU1
(
    学号 CHAR(4) NOT NULL,
    姓名 VARCHAR(10),
    出生日期 DATETIME,
    入学成绩 DECIMAL(6,2)
)
```

215

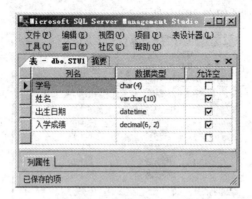

图 10-30　创建 STU1 表结构

☞ **知识要点分析**

（1）NOT NULL 表示该字段不可取空值，在输入时必须给出具体值。

（2）其他字段因未指明 NOT NULL，表示向表中输入记录值时可不为该列给出具体值。

10.6　本章课外实验

10.6.1　命令方式创建数据库

在 SQL Server 2005 中通过 SQL 数据库命令创建数据库，要求如下。

（1）创建一个 DB_1 数据库，所有设置采用默认设置，将查询文件保存为 KSSQL10-01.sql。

（2）创建具有一个文件组的数据库 DB_2，要求如下。

① 主文件组包括文件 STUDENT，文件初始大小为 5MB，最大为 UNLIMITED，按 1MB 增长。

② 该数据库有一个日志文件，初始大小为 2MB，最大为 5MB，按 20％增长。

③ 将查询文件保存为 KSSQL10-02.sql。

10.6.2　命令方式修改数据库

在 SQL Server 2005 中通过 SQL 数据库命令修改数据库，要求如下。

（1）删除 DB_1 数据库，将查询文件保存为 KSSQL10-03.sql。

（2）修改 DB_2 数据库名为 DB，将查询文件保存为 KSSQL10-04.sql。

（3）向 DB 数据库中增加辅助文件 DB_NDF，辅助文件 DB_NDF 的初始大小为 3MB，最大为 50MB，按 1MB 增长，将查询文件保存为 KSSQL10-05.sql。

（4）向 DB 数据库中增加事务日志文件 DB_LDF，事务日志文件 DB_LDF 的初始大小为 3MB，最大为 UNLIMITED，按 5MB 增长，将查询文件保存为 KSSQL10-06.sql。

（5）向 DB 数据库中增加一个文件组 PRIM，将查询文件保存为 KSSQL10-07.sql。

（6）向 DB 数据库 PRIM 组中增加一个数据文件 DB_A，将查询文件保存为

KSSQL10-08. sql。

（7）修改 DB 数据库的 STUDENT 数据文件的初始大小为 30MB,将查询文件保存为 KSSQL10-09. sql。

（8）修改 DB 数据库的 STUDENT_LOG 的文件最大为 100MB,将查询文件保存为 KSSQL10-10. sql。

（9）删除 DB_NDF 数据文件,将查询文件保存为 KSSQL10-11. sql。

（10）删除 DB_LDF 日志文件,将查询文件保存为 KSSQL10-12. sql。

（11）删除 PRIM 文件组(必须为空),将查询文件保存为 KSSQL10-13. sql。

10. 6. 3 命令方式创建数据表

在 SQL Server 2005 中通过 SQL 数据库命令创建数据表,要求如下。

（1）在 10.5.1 节中的 XSCJ 数据库中,通过命令方式创建 STU2 表。

（2）设出生日期的默认值为系统日期,将查询文件保存为 KSSQL10-14. sql。

10. 6. 4 命令方式修改数据表

在 10.5.1 节中的 XSCJ 数据库中,通过 SQL 命令修改数据表,要求如下。

（1）修改 STU1 表姓名字段的类型 NVARCHAR,宽度为 10,将查询文件保存为 KSSQL10-15. sql。

（2）在 STU1 表中增加字段简历,数据类型为 TEXT,将查询文件保存为 KSSQL10-16. sql。

（3）在 STU1 表中增加字段入学日期,数据类型为 DATETIME,将查询文件保存为 KSSQL10-17. sql。

（4）删除 STU1 表中入学日期字段,将查询文件保存为 KSSQL10-18. sql。

（5）删除 STU2 表,将查询文件保存为 KSSQL10-19. sql。

（6）在 STU1 表中增加一条记录,记录内容为: 学号 1001,姓名张三,出生日期 1990-01-01,入学成绩 500,将查询文件保存为 KSSQL10-20. sql。

（7）在 STU1 表中增加一条记录,记录内容为: 学号 1002,姓名李四,出生日期 1990-01-02,入学成绩为 NULL,将查询文件保存为 KSSQL10-21. sql。

（8）修改李四的学号为 1003,将查询文件保存为 KSSQL10-22. sql。

（9）删除李四的记录,将查询文件保存为 KSSQL10-23. sql。

（10）使用 SP_HELP 查看表 STU1 的结构,将查询文件保存为 KSSQL10-24. sql。

第 11 章 SQL 查询与视图

本章说明

　　利用 SELECT 语句可以完成对数据库中表的各种查询操作,得到用户需要的数据,SELECT 语句可附加的子句非常丰富,这些子句能够限定查询结果集的列和行以及是否对查询结果集进行分组和统计,还可对结果集进行排序等。查询既可在单表中进行,也可以对多表进行连接查询。

　　视图是从一个或多个数据库基本表或另一个视图导出数据组成的一个虚拟表,它可以起到为用户集中数据、屏蔽数据的复杂性、简化用户权限的管理等作用。通过学习本章可以了解视图的概念、分类及作用,掌握如何创建视图,管理视图,以及如何利用视图实现基本表数据的更新等各种操作。

本章主要内容

　　➢ SELECT 查询操作。
　　➢ SQL Server 视图。

📖 本章拟解决的问题

(1) SELECT 语句的基本格式与功能是什么？

(2) 多表查询中连接类型有哪些？如何区别其功能？

(3) 聚合函数有哪些？如何使用？

(4) 如何使用嵌套(子查询)查询？

(5) 查询的图形化操作与 SELECT 语句查询的主要区别是什么？

(6) 如何进行模糊查询？

(7) 为什么要引入视图？视图与数据库表有何区别？

(8) 查询结果的去向有哪些？如何实现将查询结果保存到不同的文件中？

11.1 SELECT 查询操作

创建好数据库和表,并输入数据后,就可以根据需要或限定的条件对数据进行查询,其结果是返回一个能满足用户要求的记录集。在 SQL Server 2005 中查询主要是通过 SELECT 语句来实现的。

11.1.1 SELECT 基本查询语句

SELECT 语句可以实现单表查询,也可以实现多表查询,主要的子句如下:

SELECT 字段 1 AS 新字段名 1,字段 2 AS 新字段名 2,…
INTO 新表
FROM 表名或视图名
WHERE 条件表达式
GROUP BY 分组表达式 HAVING 条件表达式
ORDER BY 排序表达式 ASC | DESC

SELECT 查询语句各子句的含义如表 11-1 所示。

表 11-1 SELECT 查询语句各子句的含义

序号	语　句	含　义
1	SELECT	表示查询哪些列(字段)。字段间用逗号分隔,可通过 AS 定义新字段名
2	INTO	把查询的结果存储到一个新表中
3	FROM	从哪几个表或视图中查询
4	WHERE	表间的关系及查询条件
5	GROUP BY	查询结果用哪个字段进行分组(分类)
6	HAVING	查询分组后的条件
7	ORDER BY	查询结果排序,ASC 表示升序,DESC 表示降序,不指明时默认是升序

11.1.2 使用 JOIN 连接实现 SELECT 查询

在 SELECT 查询过程中可以使用 JOIN 子句通过连接实现查询,基本格式为:

FROM<表名><连接类型><表名>[ON<连接条件>]

其中,<连接类型>的具体参数和简单说明如表 11-2 所示。

表 11-2　JOIN 连接类型及说明

连　接	类　型	含　义
CROSS JOIN	交叉连接	左表的每一个记录与右表的每个记录连接成新的记录
INNER JOIN	内连接	两个表相等的记录进行连接
LEFT JOIN	左外连接	在内连接的基础上增加了左表中不满足连接条件的记录
RIGHT JOIN	右外连接	在内连接的基础上增加了右表中不满足连接条件的记录
FULL JOIN	全连接	在内连接的基础上增加了两个表中不满足连接条件的记录

11.1.3 SELECT 查询特殊子句

220

使用 SELECT 语句进行查询时,还有一些特殊子句及用法,如表 11-3 所示。

表 11-3　参数说明

序　号	子　句	含　义
1	ALL	在 SELECT 后面使用,表示显示所有记录
2	DISTINCT	在 SELECT 后面使用,表示去掉重复记录显示
3	TOP N	在 SELECT 后面使用,表示显示前 N 行,N 是介于 0~4 294 967 295 之间的整数,如果在 N 的后面指定了 PERCENT,显示前百分之 N 行,且 N 必须是介于 0~100 之间的整数
4	IS NULL	查询 NULL 值的记录
5	IS NOT NULL	查询不是 NULL 值的记录
6	BETWEEN	查询指定闭区间满足条件的记录
7	NOT BETWEEN	查询不在闭区间满足条件的记录
8	LIKE	查询匹配记录
9	NOT LIKE	查询不匹配记录

在 LIKE 查询过程中,可以使用如表 11-4 所示通配符进行模糊查询。

表 11-4　通配符及说明

通　配　符	说　明
%(百分号)	代表任意长度的字符串
_(下划线)	代表任意单个字符
[ ]	指定属于范围,如[A-F]表示属于集合 ABCDEF 中的任意单个字符
[^]	指定不属于范围,如[^A-F]表示不属于集合 ABCDEF 中的任意单个字符

11.1.4 聚合函数

聚合函数对一组值执行计算,并返回单个值。聚合函数经常与 SELECT 语句的 GROUP BY 子句一起使用,实现对表中数据的分组统计。常用的聚合函数如表 11-5 所示。

表 11-5 常用的聚合函数

序　号	函　数　名	功　　能
1	SUM	求某一列值的总和
2	AVG	求某一列值的平均值
3	COUNT	计数
4	MAX	求某一列值中的最大值
5	MIN	求某一列值中的最小值

说明:

(1) AVG 和 SUM 函数的参数类型必须是整型、浮点型、实型或货币型。

(2) MIN、MAX、COUNT 函数的参数可以是数据值或其他类型的数据。

(3) COUNT 统计个数与具体的字段无关,使用时函数的参数可以是一个" * "号。

11.1.5 SELECT 子查询

子查询本质上是一个 SELECT 语句,它返回查询结果集,通常嵌套在其他的 SELECT、INSERT、UPDATE 和 DELETE 等语句中,子查询各短语及作用如表 11-6 所示。

表 11-6 子查询各短语及作用

序　号	语　句	含　义
1	UNION	将两个或两个以上的查询结果合并成为一个结果
2	IN	查询的结果必须在子查询中存在
3	NOT IN	查询的结果不在子查询中
4	EXISTS	在子查询中存在
5	NOT EXISTS	在子查询中不存在
6	条件运算符	把子查询作为查询条件

11.1.6 查询的图形化操作

使用 SELECT 语句进行查询其优点是效率高,适用于程序设计自动执行,可以很方便地嵌入各种高级语言中,实用性强。其缺点是语句格式复杂、难于理解记忆。为此,Server 2005 还为用户提供了界面查询操作方式。

利用界面查询操作方法同样可以实现上述查询操作,界面查询操作的特点是:操作过程形象、直观,易于理解和操作,不用记忆复杂的语句格式。但缺点是:执行效率低,无法在程序中实现其功能,实用性差。因此,界面查询操作只能作为初学查询的基础,帮助用户理解查询的功能与实现过程。同时,也是初学 SELECT 语句的有效手段。

1. 查询界面的打开

单击"开始"→"所有程序"→Microsoft SQL Server 2005→SQL Server Management

Studio 命令。连接到服务器后,打开 SQL Server Management Studio 窗口。在对象资源管理器中,依次展开服务器、要查询的数据库、要查询的表,右击要查询的表,在弹出的快捷菜单中选择"打开表"命令。

(1) 单击"查询设计器"→"窗格"命令,如图 11-1 所示。

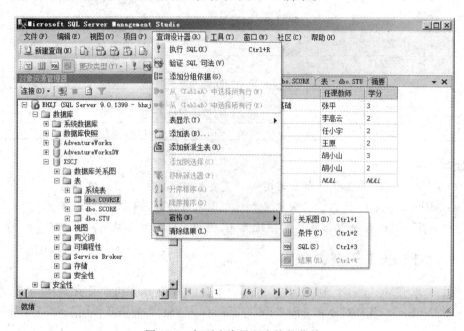

图 11-1　打开查询界面窗格的菜单

(2) 分别选中其中的"关系图"、"条件"和"SQL"命令,打开对应的窗格后查询界面如图 11-2 所示。

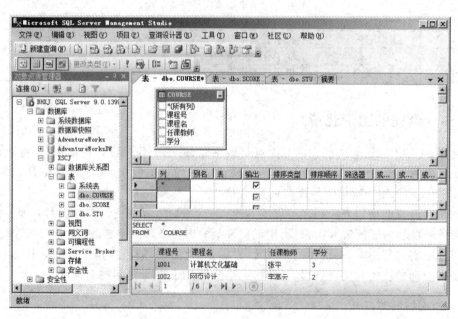

图 11-2　查询界面

2．查询界面的构成

查询界面中，从上往下分为 4 个窗格，分别为关系图窗格、条件窗格、SQL 窗格和结果窗格。

1）关系图窗格

关系图窗格中显示要查询的表，可单表查询也可多表查询。

若是多表查询需要将要查询的表添加到关系图窗格，然后在表间建立关系，操作步骤如下。

（1）添加表：在关系图窗格中右击鼠标→选择"添加表"命令或者单击"查询设计器"→"添加表"命令。

（2）表间建立关系：可以通过拖动鼠标实现，首先选中一个表中的某一字段按住鼠标左键拖到另一个表中相匹配的字段，此刻，两表的相应字段之间会有一条连线，释放鼠标即可。

2）条件窗格

条件窗格中包含以下列。

（1）列：要查询的字段，可直接输入也可在列表中选择。

（2）别名：为要查询的字段重新命名，直接输入即可。

（3）表：确定查询字段所属的表，可直接输入也可在列表中选择。

（4）输出：确定要查询的字段列是否显示。

（5）排序类型：要查询的字段列是否按该字段排序，可直接输入也可在列表中选择。

（6）排序顺序：多重排序时确定各排序列的先后次序，可直接输入也可在列表中选择。

（7）筛选器：用于给出选择条件，直接输入即可。

（8）或...：用于"与"、"或"的复合条件运算。

3）SQL 窗格

显示界面操作所对应的完整 SELECT 语句，也可直接在此窗格中输入正确的 SELECT 查询语句。

4）结果窗格

设置好查询条件后，通过工具栏中的"执行 SQL"命令执行查询，查询输出的结果集就在结果窗格中显示。

11.2 SQL Server 视图

视图是关系数据库系统为用户提供的方便用户操作的一个虚拟表，它将用户需要操作的数据集中到（映射到）这个表中。视图是用多种角度观察数据库中的数据的重要机制。视图是原始数据库数据的一种变换，是查看表中数据的另外一种方式。视图也可以看成是一个窗口，通过它可以将用户感兴趣的数据集中到此窗口。

11.2.1 视图介绍

1．视图的分类

在 SQL Server 2005 中，可以创建标准视图、索引视图和分区视图。

1）标准视图

标准视图组合了一个或多个表中的数据，用户可以获得使用视图的大多数好处，包括将重点放在特定数据上及简化数据操作。

2）索引视图

索引视图是被具体化了的视图，即它已经过计算并储存。可以为视图创建索引，即对视图创建一个唯一的聚集索引。对视图创建唯一聚集索引后，结果集将储存在数据库中，就像带有聚集索引的表一样。索引视图可以显著提高某些类型查询的性能。索引视图尤其适于聚合许多行的查询，但它们不太适于经常更新的基本数据集。

3）分区视图

分区视图允许将大型表中的数据拆分成较小的成员表。根据其中一列中的数据值范围，在各个成员表之间对数据进行分区。每个成员表的数据范围都在为分区依据列指定的 CHECK 约束中定义。然后定义一个视图，以使用 UNION ALL 将选定的所有成员表组合成单个结果集。引用该视图的 SELECT 语句为分区依据列指定搜索条件后，查询优化器将使用 CHECK 约束定义确定哪个成员表包含相应行。

分区视图在一台或多台服务器间水平连接一组成员表中的分区数据。这样，数据看上去如同来自于一个表。Microsoft SQL Server 2005 可以区分本地分区视图和分布式分区视图。连接同一个 SQL Server 服务器中的成员表的视图是一个本地分区视图。在分布式分区视图中，至少有一个参与表位于不同的（远程）服务器上。另外，SQL Server 2005 还可以区分可更新分区视图和作为基本表只读副本的视图。

2. 视图的作用

1）集中所需数据

视图使用户能够着重于他们所感兴趣的特定数据和所负责的特定任务。不必要的数据或敏感数据可以不出现在视图中。

2）简化数据操作

视图可以简化用户处理数据的方式。可以将常用连接、投影、UNION 查询和 SELECT 查询定义为视图，以便使用户不必在每次对该数据执行附加操作时指定所有条件和条件限定。

3）提供向后兼容性

视图使用户能够在表的架构更改时为表创建向后兼容接口。

4）自定义数据

视图允许用户以不同方式查看数据，即使在它们同时使用相同的数据时也是如此。这在具有许多不同目的和技术水平的用户共用同一数据库时尤其有用。

5）导出和导入数据

可使用 bcp 实用工具导出由视图定义的数据。如果可以使用 INSERT 语句向视图中插入行，则还可以使用 bcp 实用工具或 BULK INSERT 语句将数据从数据文件导入某些视图。

6）跨服务器组合分区数据

11.2.2　创建视图

针对不同的用户定义不同的视图,可以限制各个用户的访问范围。一旦视图定义之后,DBMS 将自动维护它,当基本表数据发生变化时,视图的数据也会自动地随之变化。创建视图可以用图形方式创建,也可以用 Transact-SQL 语句建立。

1．图形方式创建视图

（1）在 SQL Server Management Studio 的对象资源管理器中,展开要建立视图的数据库后,右击"视图",选择"新建视图"命令,如图 11-3 所示。

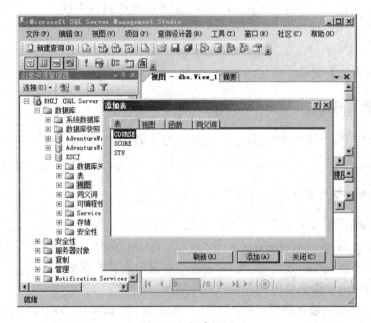

图 11-3　新建视图

（2）像设计 SELECT 查询一样设计视图。

（3）设计结束后,在"文件"菜单中保存视图。

2．使用 CREATE VIEW 语句创建视图

创建视图的 Transact-SQL 语句是 CREATE VIEW。CREATE VIEW 语句的语法格式如下:

CREATE VIEW ＜视图名＞[(＜列名＞[,＜列名＞]…n)]
AS SELECT 查询

语句中各项参数说明如下。

（1）＜视图名＞:视图的名称。视图名称必须符合有关标识符的规则。可以选择是否指定视图所有者名称。

（2）＜列名＞:视图中的列名。可全部指定或者全部省略。如果省略了视图的各个

属性列名,则视图列将获得与 SELECT 语句中的列相同的名称。但是在以下三种情况下必须明确指定视图的所有列名。

① 某个目标列是算术表达式、函数或常量。

② 多表连接时目标列有两个或更多的同名列作为视图的字段。

③ 视图中的某个列的指定名称不同于其派生来源列的名称。

(3) AS:指定视图要执行的操作。

(4) SELECT 查询:可以是任意复杂的 SELECT 查询语句。该语句可以使用多个表和其他视图。在索引视图定义中,视图不能引用任何其他视图,只能引用基本表。

视图定义中的 SELECT 子句不能包括下列内容。

(1) COMPUTE 或 COMPUTE BY 子句。

(2) ORDER BY 子句,除非在 SELECT 语句的选择列表中也有一个 TOP 子句。

(3) INTO 关键字。

(4) OPTION 子句。

(5) 临时表或表变量。

11.2.3 管理视图

视图建立后,可以查看视图的内容,也可以更改视图的定义,当然不需要时,还可以删除视图。

1. 视图的查看与视图定义的修改

1) 查看视图

(1) 在 SQL Server Management Studio 的对象资源管理器中,展开服务器,展开"数据库"。

(2) 展开建有视图的数据库,展开"视图",右击要查看的视图。

(3) 在弹出的快捷菜单中,再单击"打开视图"命令。

该视图检索到的数据将显示在查询设计器的"结果"窗格中。若没有生成的视图,右击"视图",选择"刷新"命令,然后,再打开"视图"即可看到生成的视图文件名。

2) 修改视图的定义

查看视图的界面操作进行到弹出快捷菜单后,单击"修改"命令,就可以图形方式修改视图。视图的修改也可以用 Transact-SQL 语句实现。

修改视图的语句是 ALTER VIEW。ALTER VIEW 语句的语法格式如下:

```
ALTER VIEW <视图名>[(<列名>[,<列名>]…n)]
AS SELECT 查询
```

语句中各项参数说明同 CREATE VIEW 语句。

ALTER VIEW 可应用于索引视图;但是 ALTER VIEW 会无条件地删除视图的所有索引。

2. 视图的删除

如果基本表或视图自最初创建视图以来已不使用或已发生更改,则删除并重新创建视图会很有用。

查看视图的界面操作进行到弹出快捷菜单后,单击"删除"命令,打开"删除对象"窗口,单击"确定"按钮,就可以图形方式删除视图。视图的删除也可以用 Transact-SQL 语句实现。

删除视图的语句是 DROP VIEW。DROP VIEW 语句的语法格式如下:

DROP VIEW ＜视图名1＞[,＜视图名2＞]…n

说明:

(1) 该语句从当前数据库中删除一个或多个视图。可对索引视图执行 DROP VIEW。

(2) 删除视图时,将从系统目录中删除视图的定义和有关视图的其他信息,还将删除视图的所有权限。

(3) 使用 DROP TABLE 删除的表上的任何视图都必须使用 DROP VIEW 显式删除。

(4) 对索引视图执行 DROP VIEW 命令时,将自动删除视图上的所有索引。

11.3 本章教学案例

11.3.1 图形界面查询陈小洁各门课程的成绩

📖案例描述

在 XSCJ 数据库中含有 STU(学生表)、SCORE(成绩表)、COURSE(课程表)三张数据表,根据这三张表中的数据,实现下列操作。

(1) 通过视图查询陈小洁各门课程的成绩;

(2) 查询结果中要显示的字段有姓名、课程名、成绩;

(3) 将视图文件保存为 SQL11-01。

🖳最终效果

本案例的最终效果如图 11-4 所示。

✍案例实现

(1) 对象资源管理器→数据库→XSCJ→视图(右击)→新建视图→添加表。

(2) 将 STU、SCORE、COURSE 表添加到关系图窗格,通过拖动鼠标实现表间关系的建立,STU 表的学号连接 SCORE 表的学号,SCORE 表的课程号连接 COURSE 表的课程号。

(3) 在条件窗格中输入或选择要查询的字段,在"姓名"字段所对应的筛选器中给出选择条件"陈小洁"。

(4) 查询设计器→执行 SQL。

(5) 文件→保存视图。

📖知识要点分析

(1) 删除表间关系时,只需在连线右击,在快捷菜单中选择"移除"命令即可。

(2) 删除不需要的表时,可在要删除表的标题栏上右击,在快捷菜单中选择"移除"命令即可。

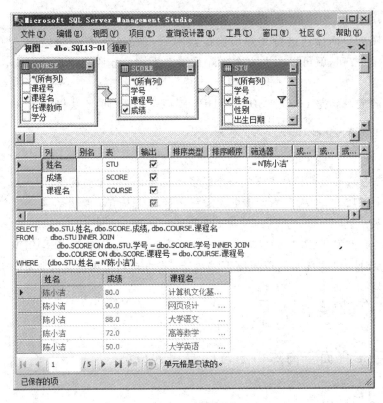

图 11-4 视图查询

11.3.2 WHERE 条件查询陈小洁各门课程的成绩

📖案例描述

在 XSCJ 数据库中含有 STU(学生表)、SCORE(成绩表)、COURSE(课程表)三张数据表,根据这三张表中的数据,实现下列操作。

(1) 查询陈小洁各门课程的成绩,将结果存入 STUA 表中;

(2) 在 STUA 表中要显示的字段有姓名、课程名、成绩;

(3) 将查询文件保存为 SQL11-02.sql。

🖳最终效果

本案例的最终效果如图 11-5 所示。

✐案例实现

USE XSCJ
SELECT 姓名,课程名,成绩
INTO STUA
FROM STU,SCORE,COURSE
WHERE STU.学号=SCORE.学号 AND SCORE.课程号=COURSE.课程号 AND 姓名='陈小洁'

☞知识要点分析

(1) USE XSCJ:当用户登录 SQL Server 后,即被指定一个系统数据库作为当前数据库,使用 USE 语句可选择当前要操作的数据库。

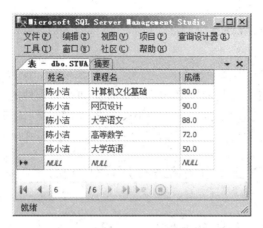

图 11-5　STUA 表结果

（2）INTO STUA：使用 INTO 子句可将 SELECT 查询结果保存到新表中。

11.3.3　查询选修计算机文化基础课程的每个学生的成绩

📖 案例描述

在 XSCJ 数据库中含有 STU(学生表)、SCORE(成绩表)、COURSE(课程表)三张数据表，根据这三张表中的数据，实现下列操作。

（1）查询选修计算机文化基础课程的每个学生的成绩；

（2）查询结果中要显示的字段有学号、姓名、课程名、成绩，按成绩降序显示；

（3）将查询文件保存为 SQL11-03.sql。

📖 最终效果

本案例的最终效果如图 11-6 所示。

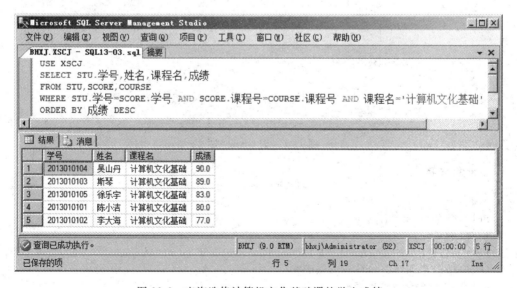

图 11-6　查询选修计算机文化基础课的学生成绩

✍ **案例实现**

所编写代码如图 11-6 所示。

☎ **知识要点分析**

（1）WHERE STU. 学号＝SCORE. 学号 AND SCORE. 课程号＝COURSE. 课程号 AND 课程名＝'计算机文化基础'：解决的是表连接和查询条件的问题。

（2）ORDER BY 成绩 DESC：按成绩字段排序，ORDER BY 子句可对查询结果按照一个或多个字段排序，可升序（ASC）、降序（DESC），默认值为升序。

11.3.4 通过 JOIN 查询陈小洁各门课程的成绩

📖 **案例描述**

在 XSCJ 数据库中含有 STU（学生表）、SCORE（成绩表）、COURSE（课程表）三张数据表，根据这三张表中的数据，实现下列操作。

（1）通过 JOIN 关键字指定内连接，查询陈小洁各门课程的成绩，将结果存入 STUB 表中；

（2）在 STUB 表中要显示的字段有姓名、课程名、成绩；

（3）将查询文件保存为 SQL11-04. sql。

🖳 **最终效果**

本案例的最终效果如图 11-7 所示。

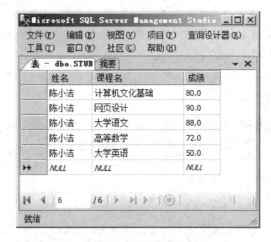

图 11-7 STUB 表结果

✍ **案例实现**

```
USE XSCJ
SELECT 姓名,课程名,成绩
INTO STUB
FROM STU INNER JOIN SCORE INNER JOIN COURSE
ON COURSE.课程号＝SCORE.课程号
ON SCORE.学号＝STU.学号
WHERE 姓名＝'陈小洁'
```

知识要点分析

(1) INNER 表示内连接。

(2) ON 表示指定的连接条件。

11.3.5 通过 JOIN 查询选修计算机文化基础课程的学生成绩

案例描述

在 XSCJ 数据库中含有 STU(学生表)、SCORE(成绩表)、COURSE(课程表)三张数据表,根据这三张表中的数据,实现下列操作。

(1) 通过 JOIN 关键字指定内连接,查询选修计算机文化基础课程的学生成绩;

(2) 查询结果中要显示的字段有学号、姓名、课程名、成绩,按成绩降序显示;

(3) 将查询文件保存为 SQL11-05.sql。

最终效果

本案例的最终效果如图 11-8 所示。

图 11-8 内连接查询选修计算机文化基础课的学生成绩

案例实现

所编写代码如图 11-8 所示。

知识要点分析

(1) 在 FROM 子句后建立连接的顺序为 STU 内连接 SCORE 内连接 COURSE;

(2) 使用 ON 在指定连接条件时必须从后往前,即 COURSE→SCORE→STU,所以 ON 指定的条件顺序必须是:

```
ON COURSE.课程号=SCORE.课程号
ON SCORE.学号=STU.学号
```

而不能写成

ON SCORE.学号＝STU.学号
ON COURSE.课程号＝SCORE.课程号

11.3.6　通过 JOIN 查询计算机文化基础课程成绩的前三名

📖**案例描述**

在 XSCJ 数据库中含有 STU(学生表)、SCORE(成绩表)、COURSE(课程表)三张数据表,根据这三张表中的数据,实现下列操作。

(1) 通过 JOIN 关键字指定内连接,查询计算机文化基础课程成绩的前三名;

(2) 查询结果中要显示的字段有学号、姓名、课程名、成绩;

(3) 将查询文件保存为 SQL11-06.sql。

💻**最终效果**

本案例的最终效果如图 11-9 所示。

图 11-9　内连接查询前三名成绩

✍**案例实现**

所编写代码如图 11-9 所示。

☞**知识要点分析**

(1) 在 SELECT 语句后使用 TOP N 表示查询前 N 个记录。

(2) 必须指明排序。

11.3.7　通过 JOIN 查询成绩在 80～90 之间的学生信息

📖**案例描述**

在 XSCJ 数据库中含有 STU(学生表)、SCORE(成绩表)、COURSE(课程表)三张数据表,根据这三张表中的数据,实现下列操作。

（1）通过 JOIN 关键字指定内连接，查询成绩在 $80 \sim 90$ 之间的学生信息。

（2）查询结果中要显示的字段有学号、姓名、课程名、成绩。

（3）将查询文件保存为 SQL11-07.sql。

□最终效果

本案例的最终效果如图 11-10 所示。

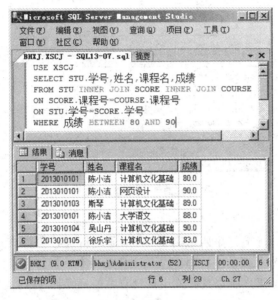

图 11-10 查询成绩在 $80 \sim 90$ 之间的记录

案例实现

所编写代码如图 11-10 所示。

知识要点分析

（1）BETWEEN 用于范围的指定，格式为：表达式 BETWEEN 范围下限 AND 范围上限，若表达式的范围在上下限之间则返回 TRUE，否则返回 FALSE。

（2）BETWEEN 也可以通过 AND 语句实现。

11.3.8 通过 JOIN 查询姓氏为"陈"的学生信息及各门课程成绩

案例描述

在 XSCJ 数据库中含有 STU（学生表）、SCORE（成绩表）、COURSE（课程表）三张数据表，根据这三张表中的数据，实现下列操作。

（1）通过 JOIN 关键字指定内连接，查询姓氏为"陈"的学生信息及各门课程成绩；

（2）查询结果中要显示的字段有学号、姓名、课程名、成绩；

（3）将查询文件保存为 SQL11-08.sql。

□最终效果

本案例的最终效果如图 11-11 所示。

案例实现

所编写代码如图 11-11 所示。

图 11-11　查询姓氏为"陈"的学生信息

知识要点分析

（1）使用 LIKE 进行字符串匹配时，可利用通配符进行模糊查询，通配符有"％"和"_"两种，"％"代表任意长度的字符串，"_"代表任意一个字符。

（2）这里的查询结果之所以只有陈小洁没有陈梅，原因是陈梅同学没有选课。

11.3.9　通过 JOIN 查询姓名中含有"山"字的学生信息及各门课程成绩

案例描述

在 XSCJ 数据库中含有 STU（学生表）、SCORE（成绩表）、COURSE（课程表）三张数据表，根据这三张表中的数据，实现下列操作。

（1）通过 JOIN 关键字指定内连接，查询姓名中含有"山"字的学生信息及各门课程成绩；

（2）查询结果中要显示的字段有学号、姓名、课程名、成绩；

（3）将查询文件保存为 SQL11-09.sql。

最终效果

本案例的最终效果如图 11-12 所示。

案例实现

所编写代码如图 11-12 所示。

知识要点分析

（1）在本案例中语句"WHERE 姓名 LIKE '％山％'"与"WHERE 姓名 LIKE '_山％'"两种写法均可。

（2）在实际应用中，前一种写法更全面合理，若学生表中的姓名存在复姓并姓名中含有"山"的也不会漏掉。

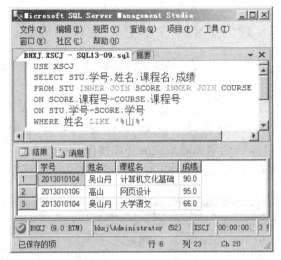

图 11-12　查询姓名中含有"山"字的学生信息

11.4　本章课外实验

11.4.1　利用 JOIN 连接查询所有男同学的成绩

在 XSCJ 数据库中含有 STU(学生表)、SCORE(成绩表)、COURSE(课程表)三张数据表,根据这三张表中的数据,实现下列操作。

(1) 通过 JOIN 关键字指定内连接,查询所有男同学的成绩;

(2) 查询结果中要显示的字段有学号、姓名、性别、课程名、成绩,按成绩降序排序;

(3) 将查询文件保存为 KSSQL11-01.sql,效果如图 11-13 所示。

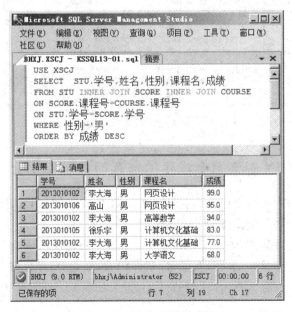

图 11-13　查询男同学成绩

11.4.2 利用 JOIN 查询每个学生的各门课程的成绩

在 XSCJ 数据库中含有 STU(学生表)、SCORE(成绩表)、COURSE(课程表)三张数据表,根据这三张表中的数据,实现下列操作。

(1) 通过 JOIN 关键字指定内连接,查询每个学生的各门课程的成绩;

(2) 查询结果中要显示的字段有学号、姓名、性别、课程名、成绩;

(3) 按性别降序排序,若性别相同按成绩降序排序;

(4) 将查询文件保存为 KSSQL11-02.sql,效果如图 11-14 所示。

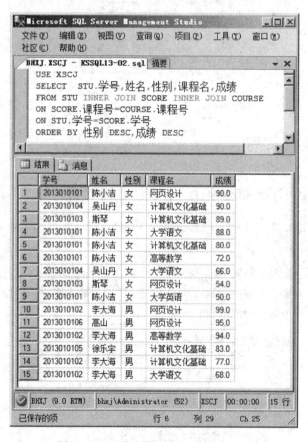

图 11-14　查询每位学生各门课的成绩

11.4.3 利用 JOIN 查询每个学生的选课门数及平均分

在 XSCJ 数据库中含有 STU(学生表)、SCORE(成绩表)、COURSE(课程表)三张数据表,根据这三张表中的数据,实现下列操作。

(1) 通过 JOIN 关键字指定内连接,查询每个学生的选课门数及平均分;

(2) 查询结果中要显示的字段有学号、选课门数、平均分,按选课门数降序排序;

(3) 将查询文件保存为 KSSQL11-03.sql,效果如图 11-15 所示。

图 11-15　查询每位学生的选课门数及平均分

11.4.4　利用 WHERE 条件查询每门课的选课人数、最高分、总分

在 XSCJ 数据库中含有 STU(学生表)、SCORE(成绩表)、COURSE(课程表)三张数据表,根据这三张表中的数据,实现下列操作。

(1) 通过 WHERE 条件,查询每门课的选课人数、最高分、总分;

(2) 查询结果中要显示的字段有课程名、选课人数、最高分、总分,将结果按最高分降序存到 KS1 表中;

(3) 将查询文件保存为 KSSQL11-04. sql,效果如图 11-16 所示。

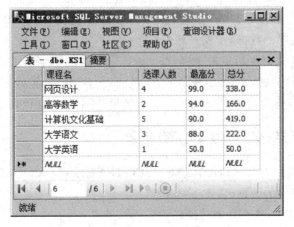

图 11-16　KS1 表结果

11.4.5 利用 WHERE 条件查询选修三门课程以上的学生

在 XSCJ 数据库中含有 STU(学生表)、SCORE(成绩表)、COURSE(课程表)三张数据表,根据这三张表中的数据,实现下列操作。

(1) 通过 WHERE 条件,查询选修三门课程以上的学生;

(2) 查询结果中要显示的字段有姓名、选课门数,按姓名升序排序;

(3) 将查询文件保存为 KSSQL11-05.sql,效果如图 11-17 所示。

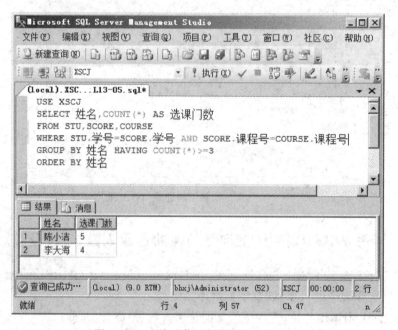

图 11-17 查询选修三门课程以上的学生

11.4.6 查询姓氏非"陈"的学生信息及各门课程成绩

在 XSCJ 数据库中含有 STU(学生表)、SCORE(成绩表)、COURSE(课程表)三张数据表,根据这三张表中的数据,实现下列操作。

(1) 通过 JOIN 关键字指定内连接,查询姓氏非"陈"的学生信息及各门课程成绩;

(2) 查询结果中要显示的字段有学号、姓名、课程名、成绩,按姓名降序排列;

(3) 将查询文件保存为 KSSQL11-06.sql,效果如图 11-18 所示。

11.4.7 查询所有选课学生的所有信息

在 XSCJ 数据库中含有 STU(学生表)、SCORE(成绩表)、COURSE(课程表)三张数据表,根据这三张表中的数据,实现下列操作。

(1) 通过嵌套查询,查询所有选课学生的所有信息;

(2) 将查询文件保存为 KSSQL11-07.sql,效果如图 11-19 所示。

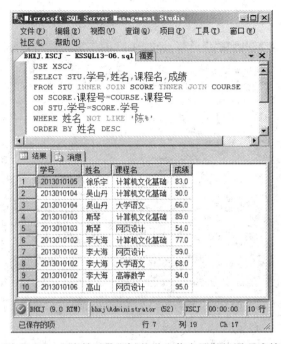

图 11-18　查询姓氏非"陈"的学生信息及各门课程成绩

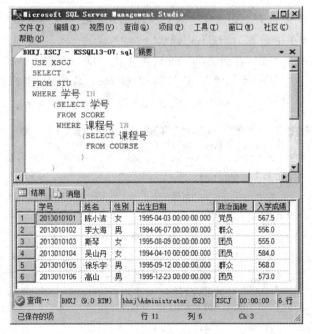

图 11-19　查询所有选课学生的所有信息

11.4.8　查询所有未选课学生的所有信息

在 XSCJ 数据库中含有 STU(学生表)、SCORE(成绩表)、COURSE(课程表)三张数据表,根据这三张表中的数据,实现下列操作。

(1) 通过嵌套查询,查询所有未选课学生的所有信息;

（2）将查询文件保存为 KSSQL11-08.sql,效果如图 11-20 所示。

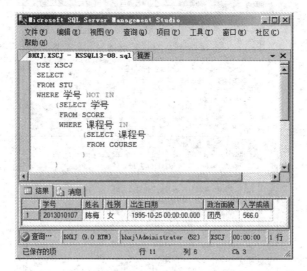

图 11-20　查询所有未选课学生的所有信息

11.4.9　查询选修了计算机文化基础和网页设计课程的学生成绩

在 XSCJ 数据库中含有 STU(学生表)、SCORE(成绩表)、COURSE(课程表)三张数据表,根据这三张表中的数据,实现下列操作。

（1）通过 UNION 子句,查询选修了计算机文化基础和网页设计课程的学生成绩;

（2）查询结果中要显示的字段有学号、姓名、课程名、成绩,按课程名降序排列;

（3）将查询文件保存为 KSSQL11-09.sql,效果如图 11-21 所示。

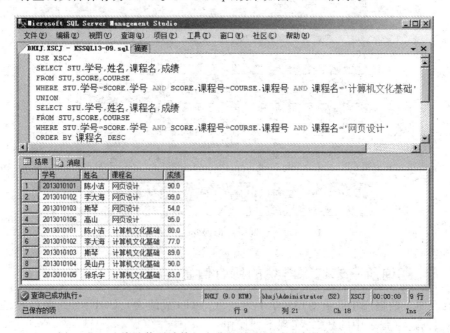

图 11-21　查询选修了计算机文化基础和网页设计课程的学生成绩

第 12 章　Visual Basic 与 SQL 数据库编程

本章说明

　　信息系统一个是数据、一个是信息,两者在一定程度上又可以相互转换,本章通过 Visual Basic 6.0 与 SQL Server 2005 相结合,通过程序的方式对数据和信息进行处理,并把处理结果储存到数据库,以备使用。在数据库编程方面引用了 ADO 数据模型,通过 ADO 对象实现数据库编程。

本章主要内容

> ➢ 数据库访问技术。
> ➢ ADO 数据库对象模型。
> ➢ ADO 控件与数据绑定。
> ➢ ADO 对象编程。

📖 **本章拟解决的问题**

（1）什么是客户/服务器方案？

（2）如何利用 ADO 数据对象连接数据库？

（3）ADO Data 数据控件连接数据库的方式有几种？

（4）ADO Data 控件的记录源设置在选择命令类型为 adCmdText 和 adCmdTabel 时有何区别？

（5）记录集对象 Recordset 的 BOF 和 EOF 属性如何判断记录指针的定位？

（6）如何返回记录集中记录的个数？

（7）数据列表框与组合框与普通的列表框和组合框的区别是什么？

（8）如何使用数据网格（DataGrid）显示表中的记录？

（9）如何使用数据网格（DataGrid）显示查询中的记录？

（10）如何实现表中的数据录入、查询、修改、删除？

12.1 数据库访问技术

Visual Basic 具有强大的数据库访问功能，利用它能够开发各种数据库应用系统，可以管理、维护和使用多种类型的数据库。前台用 Visual Basic 作为程序开发语言，与后台的 Microsoft SQL Server 相结合，能够提供一个高性能的客户/服务器方案。

在开发 Visual Basic 数据库应用程序的过程中，通常使用的方法是：先使用数据库管理系统（本书选择 Microsoft SQL Server）或 Visual Basic 中的可视化数据管理器建立好数据库和数据表，然后在 Visual Basic 程序中通过使用 ADO Data 数据控件或引用 ADO 对象模型与数据库建立连接，再通过数据绑定控件（如文本框、DataGrid 等）来对数据库进行各种操作。

数据访问是指用 Visual Basic 作为开发应用程序的前端，前端程序负责与用户交互，可以处理数据库中的数据，并将所处理的数据按用户的要求显示出来。数据库为后端，主要是表的集合，为前端提供数据。

数据库访问的底层技术是一些直接能访问数据库管理系统的 API（Application Programming Interface），即应用程序编程接口。API 是用来控制 Windows 的各个部件的外观和行为的一套预先定义的 Windows 函数库。

数据访问接口是一个对象模型，它代表了访问数据的各个方面。在 Visual Basic 中，用户可以使用 ActiveX 数据对象（ADO）作为接口来访问底层的数据库。ADO 是 Microsoft 推出的功能强大的、独立于编程语言的、可以访问任何种类数据源的数据访问接口，它是目前最新的、功能最强的接口，它比较简单且很灵活和实用。

在 Visual Basic 中，用 ADO 数据控件或对象模型建立起和数据库的连接，但是数据控件本身并不能直接显示表中的数据，而必须通过数据绑定控件来实现。常用的数据绑定控件有文本框、标签、数据列表框、数据组合框和数据网格等。

242

12.2 ADO 数据库对象模型

ADO 是 ActiveX 类数据对象,通过 ADO 数据对象与数据库建立连接有两种方法:一种是通过 ADO Data 数据控件建立连接;另一种是利用 ADO 对象模型与数据库建立连接,如图 12-1 所示。

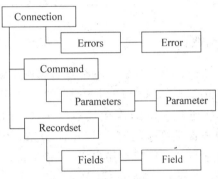

图 12-1 ADO 数据库对象模型

各对象的含义如表 12-1 所示。

表 12-1 ADO 对象

对 象 名	描 述
Connection	连接数据来源
Command	从数据源获取所需数据的命令信息
Recordset	所获得的一组记录组成的记录集
Errors	在访问数据时,由数据源所返回的错误信息
Parameters	与命令对象有关的参数
Fields	包含记录集中某个字段的信息

12.2.1 ADO 数据控件的常用属性

ADO Data 控件不是 Visual Basic 的内部控件,因此在使用之前必须将其添加到控件工具箱中。在"工程"菜单中选择"部件"菜单项,或者直接右击工具箱空白处,选择"部件"命令,打开"部件"对话框,勾选 Microsoft ADO Data Control 6.0(OLE DB)复选框,单击"确定"按钮,即可将 ADO Data 控件添加到工具箱中,ADO Data 数据控件的常用属性如表 12-2 所示。

表 12-2 ADO Data 数据控件的常用属性

属 性 名	作 用
ConnectionString	建立到数据源的连接
RecordSource	确定具体可访问的数据
CommandType	设置选择记录源时的命令类型
UserName	指定用户名

续表

属 性 名	作 用
Password	指定密码,如果在 ConnectionString 属性中指定了用户名和密码,则设置 UserName 和 Password 属性无效
BOFAction	指定在 BOF 属性为 True 时执行什么操作
EOFAction	指定在 EOF 属性为 True 时执行什么操作
ConnectionTimeout	设置等待时间,以秒为单位;如果连接超时,则返回一个错误

1. ConnectionString 属性

在工具箱中单击 ADO Data 控件,在窗体的合适位置画出该控件(默认的 Name 属性值为 Adodc1),ConnectionString 是 ADO Data 数据控件第一个必须要设置的属性,它是一个字符串,包含用来建立到数据源的连接信息。可以是 Data Link 文件(. UDL)、ODBC 数据资源(. DSN)或连接字符串,当连接打开时 ConnectionString 属性为只读。该字符串包含驱动程序、提供者、服务器名称、用户标识、登录密码以及要连接的默认数据库等信息,如图 12-2 所示。

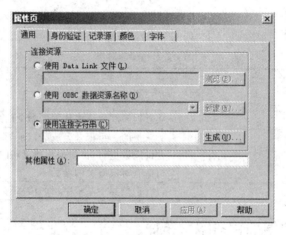

图 12-2 "属性页"对话框

设置连接属性,可以选择三种连接方式,如表 12-3 所示。

表 12-3 数据连接方式及含义

序 号	连 接 资 源	含 义
1	Data Link 文件	连接 UDL 或 DSN 文件
2	使用 ODBC 数据资源名称	控制面板中已经配置好了 ODBC 数据源
3	使用连接字符串	系统生成的连接字符串

2. RecordSource 属性和 CommandType 属性

RecordSource 确定具体可访问的数据,这些数据构成记录集对象 Recordset。选定 Adodc1,在属性窗口中双击 RecordSource,打开如图 12-3 所示的"属性页"对话框。

Visual Basic与SQL数据库编程

图 12-3 "属性页"对话框(记录源)

RecordSource 的取值根据命令类型(CommandType 属性)取值的不同而不同,如表 12-4 所示,CommandType 命令类型有 4 种。

表 12-4　CommandType 的取值

属　性　名	含　　义
8-AdCmdUnknown	默认值,表示无法确定或未知
1-AdCmdText	表示使用 SQL 查询语句作为记录源
2-AdCmdTable	设置记录源为某个表
4-AdCmdStoreProc	使用存储过程作为记录源

CommandType 可以是数据库中的某个数据表名,或是一个存储查询名,也可以是一个 SQL 语句。如果是 SQL 语句,也可以直接在属性窗口中 RecordSource 属性框中输入该语句。

3. BOFAction 和 EOFAction 属性

BOFAction 和 EOFAction 属性设置或返回一个值,指定在 BOF 和 EOF 属性为 True 时进行什么操作。

其中,BOFAction 取值如下。

为 0 或者 adDoMoveFirst:将第一条记录作为当前记录。

为 1 或者 adStayBOF:移过记录集开始的位置,定位到一个无效记录,触发数据控件对第一条记录的无效事件 Validate,BOF 属性值保持 True,此刻禁止 ADO Data 控件上的 Move Previous 按钮。

EOFAction 取值如下。

为 0 或者 adDoMoveLast:保持最后一条记录为当前记录。

为 1 或者 adStayEOF:移过记录集结束的位置,定位到一个无效记录,触发数据控件对最后一条记录的无效事件 Validate。记录集的 EOF 属性值保持 True,此刻禁止 ADO Data 控件上的 MoveNext 按钮。

为 2 或者 adDoAddNew:移过最后一条记录时自动添加一条新记录。

12.2.2 ADO Data 数据控件的常用事件和方法

ADO Data 数据控件的常用事件和方法如表 12-5 所示。

表 12-5　ADO Data 数据控件的常用事件和方法

序　号	事件或方法	含　义
1	WillMove	记录指针移动时触发
2	MoveComplete	记录指针移动完成时触发
3	WillChangeField	记录集中的 Fields 对象值进行修改之前触发
4	FieldChangeComplete	记录集中字段的值发生变化后触发
5	WillChangeRecord	记录集中的一个或多个记录发生变化之前触发
6	RecordChangeComplete	记录集更改完成后触发
7	Refresh	刷新记录源或记录集

12.2.3 ADO 数据控件的 Recordset 对象

当设置了 ADO Data 数据控件的 ConnectionString 属性和 RecordSource 属性后,便形成了一个记录集对象 Recordset,它是一个属性也是对象,记录集是一个表中所有的记录或者一个已执行命令的结果的对象,在任何时候,记录集总是指向某一条记录,该记录被称为当前记录。记录集对象具有特定的属性和方法(代码中使用),对它的操作最终会传送到数据控件连接到的数据库中的具体数据。ADO Data 数据控件主要通过 Recordset 对象的属性和方法(如表 12-6 和表 12-7 所示),对数据进行操作。

表 12-6　记录集对象 Recordset 的属性

序　号	属　性	作　用
1	BOF	属性值用来判断当前记录集指针是否停在第一条记录之前
2	EOF	属性值用来判断当前记录集指针是否停在最后一条记录之后
3	AbsolutePosition	该属性是只读属性,在代码中返回当前记录指针的值
4	RecordCount	返回记录集中记录的个数,只读属性

表 12-7　记录集对象 Recordset 的常用方法

序　号	方　法	作　用
1	AddNew	添加新记录
2	Delete	删除当前记录的内容,在删除后将记录指针移到下一条记录上
3	Move	用于改变 Recordset 对象中当前记录的位置
4	MoveFirst	记录指针移动到第一条记录
5	MoveLast	记录指针移动到最后一条记录
6	MoveNext	记录指针移动到下一条记录
7	MovePrevious	记录指针移动到上一条记录
8	Find	在记录集中查找符合条件的记录
9	Update	用于保存对记录集当前记录所做的更改
10	CancelUpdate	用于取消对记录集进行的添加或编辑修改操作,恢复修改前的状态

12.3 ADO 控件与数据绑定

ADO Data 控件本身没有数据显示的功能，在 Visual Basic 中专门提供了一些数据绑定控件，用来与 ADO Data 数据控件相连接，显示由数据控件所确定的记录集中的数据。

可以说，ADO Data 控件是 Visual Basic 和数据库之间的联系桥梁，而数据绑定控件则把 ADO Data 控件和用户界面联系起来，两者构成了 Visual Basic 开发数据库的主体。

数据绑定控件分为内部数据绑定控件和 ActiveX 数据绑定控件。常用的内部数据绑定控件有：文本框（TextBox）、标签（Label）、列表框（ListBox）、组合框（ComboBox）、复选框（CheckBox）、图像框（Image）、图片框（PictureBox）等；常用的 ActiveX 数据绑定控件有：数据列表框（DataList）、数据组合框（DataCombo）和数据网格（DataGrid）。

12.3.1 内部数据绑定控件

内部数据绑定控件有两个标准的属性：DataSource 和 DataField 属性。DataSource 属性用来返回或设置要绑定的 ADO Data 控件，通过对 ADO Data 控件的绑定而获得了一个数据源；DataField 属性用来返回或设置数据绑定控件要绑定到的字段。

12.3.2 ActiveX 数据绑定控件

1. 数据列表（DataList）和数据组合框（DataCombo）

DataList 和 DataCombo 控件与标准列表框和组合框控件相似，不同的是这两个控件不用 AddItem 方法来填充其列表项，而是由这两个控件所绑定的表中字段来自动填充。此外，它们还能有选择地将一个选定的字段传递给第二个数据控件，从而可以创建"查找表"的应用程序。

DataList 和 DataCombo 是 ActiveX 控件，在使用之前需要先添加到控件工具箱中，右击工具箱空白处→选择"部件"→勾选 Microsoft DataList Control 6.0（OLEDB）复选框，将它们添加到控件箱中。

DataList 和 DataCombo 控件的常用属性如表 12-8 所示。

表 12-8 DataList 和 DataCombo 控件的常用属性

属 性 名	作 用
DataSource	指定 DataList 和 DataCombo 所绑定的数据控件的名称
DataField	设置 DataList 和 DataCombo 控件所绑定的字段
RowSource	设置用于填充 DataList 或 DataCombo 的下拉列表的数据控件
ListField	设置用于填充下拉列表的字段
BoundColumn	设置回传字段，当在下拉列表中选择某一字段值后将其回传到 DataField，必须和用于更新列表的 DataField 的类型相同
BoundText	返回在 BoundColumn 属性中指定的字段的值

通常，在使用 DataList 和 DataCombo 控件时，要用两个 ADO Data 控件：一个用来填充由 ListField 和 RowSource 属性指定的列表；另一个用来更新由 DataSource 和

DataField 属性指定的数据库中的字段。

2．数据网格（DataGrid）控件

DataGrid 控件是一种类似于表格的数据绑定控件，可以通过行列交叉的二维表格来显示记录集对象 Recordset 中的每条记录，用来浏览表、编辑表或进行查询操作非常方便。

DataGrid 控件也是 ActiveX 控件，在使用之前需要先添加到控件箱中，打开"部件"对话框，在"控件"选项卡中勾选 Microsoft DataGrid Control 6.0（OLEDB）复选框，将 DataGrid 控件添加到控件箱中。

DataGrid 控件的主要属性只有 DataSource，设置了 DataGrid 控件的 DataSource 属性后，右击该 DataGrid 控件，在弹出的快捷菜单中选择"检索字段"命令，便会自动用记录集 Recordset 来填充该控件，Recordset 中的每个字段名成为该控件的列标题。

12.4 ADO 对象编程

12.4.1 创建 ADO 对象

在编写程序时，可以在通用过程中创建数据库对象，具体语法格式如表 12-9 所示。

表 12-9 ADO 对象及其含义

序 号	ADO 对象	含 义
1	Dim CNN As New ADODB.Connection	新建数据库连接对象
2	Dim REC As New ADODB.Recordset	新建数据库记录集对象
3	Dim CMD As New ADODB.Command	新建数据库命令对象

12.4.2 ADO 对象的使用

1．新建的 Connection 对象

新建的 Connection 对象在使用时主要是连接数据库，连接的方式可以是前面所讲的三种方式中的一种，在使用的时候常用的属性如表 12-10 所示。

表 12-10 Connection 对象的常用属性

属 性	含 义
Attributes	设置或返回 Connection 对象的属性
CommandTimeout	指示在终止尝试和产生错误之前执行命令期间需等待的时间
ConnectionString	设置或返回用于建立连接数据源的细节信息
ConnectionTimeout	指示在终止尝试和产生错误前建立连接期间所等待的时间
CursorLocation	设置或返回游标服务的位置
DefaultDatabase	指示 Connection 对象的默认数据库
IsolationLevel	指示 Connection 对象的隔离级别

续表

属 性	含 义
Mode	设置或返回 Provider 的访问权限
Provider	设置或返回 Connection 对象提供者的名称
State	确定连接是打开还是关闭的值，adStateOpen 为打开，adStateClosed 为关闭
Version	返回 ADO 的版本号

Connection 对象常用的方法如表 12-11 所示。

表 12-11　Connection 对象常用的方法

方 法	含 义
BeginTrans	开始一个新事务
Cancel	取消一次执行
Close	关闭一个连接
CommitTrans	保存任何更改并结束当前事务
Execute	执行查询、SQL 语句、存储过程或 Provider 具体文本
Open	打开一个连接
OpenSchema	从 Provider 返回有关数据源的 schema 信息
RollbackTrans	取消当前事务中所做的任何更改并结束事务

2. 新建 Recordset 对象

新建 Recordset 对象的常用属性如表 12-12 所示。

表 12-12　Recordset 对象的常用属性

属 性	含 义
AbsolutePage	设置或返回一个可指定 Recordset 对象中页码的值
AbsolutePosition	设置或返回一个值，此值可指定 Recordset 对象中当前记录的顺序位置(序号位置)
ActiveCommand	返回与 Recordset 对象相关联的 Command 对象
ActiveConnection	如果连接被关闭，设置或返回连接的定义，如果连接打开，设置或返回当前的 Connection 对象
BOF	如果当前的记录位置在第一条记录之前，则返回 True，否则返回 False
Bookmark	设置或返回一个书签，此书签保存当前记录的位置
CacheSize	设置或返回能够被缓存的记录的数目
CursorLocation	设置或返回游标服务的位置，adUseClient 表示客户端，adUseServer 表示服务器端
CursorType	设置或返回一个 Recordset 对象的游标类型
DataMember	设置或返回要从 DataSource 属性所引用的对象中检索的数据成员的名称
DataSource	指定一个包含要被表示为 Recordset 对象的数据的对象
EditMode	返回当前记录的编辑状态
EOF	如果当前记录的位置在最后的记录之后，则返回 True，否则返回 False
Filter	返回一个针对 Recordset 对象中数据的过滤器

属　性	含　义
Index	设置或返回 Recordset 对象的当前索引的名称
LockType	设置或返回当编辑 Recordset 中的一条记录时,可指定锁定类型的值
MarshalOptions	设置或返回一个值,此值指定哪些记录被返回服务器
MaxRecords	设置或返回从一个查询,返回 Recordset 对象的最大记录数目
PageCount	返回一个 Recordset 对象中的数据页数
PageSize	设置或返回 Recordset 对象的一个单一页面上所允许的最大记录数
RecordCount	返回一个 Recordset 对象中的记录数目
Sort	设置或返回一个或多个作为 Recordset 排序基准的字段名
Source	设置一个字符串值,或一个 Command 对象引用,或返回一个字符串值,此值可指示 Recordset 对象的数据源
State	返回一个值,此值可描述 Recordset 对象是否打开、关闭、正在连接、正在执行或正在取回数据
Status	返回有关批量更新或其他大量操作的当前记录的状态
StayInSync	设置或返回当父记录位置改变时对子记录的引用是否改变

Recordset 对象的常用方法如表 12-13 所示。

表 12-13　Recordset 对象的常用方法

方　法	描　述
AddNew	创建一条新记录
Cancel	撤销一次执行
CancelBatch	撤销一次批更新
CancelUpdate	撤销对 Recordset 对象的一条记录所做的更改
Clone	创建一个已有 Recordset 的副本
Close	关闭一个 Recordset
CompareBookmarks	比较两个书签
Delete	删除一条记录或一组记录
Find	搜索一个 Recordset 中满足指定某个条件的一条记录
GetRows	把多条记录从一个 Recordset 对象中复制到一个二维数组中
GetString	将 Recordset 作为字符串返回
Move	在 Recordset 对象中移动记录指针
MoveFirst	把记录指针移动到第一条记录
MoveLast	把记录指针移动到最后一条记录
MoveNext	把记录指针移动到下一条记录
MovePrevious	把记录指针移动到上一条记录
NextRecordset	通过执行一系列命令清除当前 Recordset 对象并返回下一个 Recordset
Open	打开一个数据库元素,此元素可提供对表的记录、查询的结果或保存的 Recordset 的访问
Requery	通过重新执行对象所基于的查询来更新 Recordset 对象中的数据
Resync	从原始数据库刷新当前 Recordset 中的数据
Save	把 Recordset 对象保存到 file 或 Stream 对象中

Visual Basic与SQL数据库编程

方　　法	描　　述
Seek	搜索 Recordset 的索引以快速定位与指定的值相匹配的行,并使其成为当前行
Supports	返回一个布尔值,此值可定义 Recordset 对象是否支持特定类型的功能
Update	保存所有对 Recordset 对象中的一条单一记录所做的更改
UpdateBatch	把所有 Recordset 中的更改存入数据库,在批量更新模式中使用

在打开记录集时,要返回一个记录集游标。游标(Cursor)是处理数据的一种方法,为了查看或者处理结果集中的数据,游标提供了在结果集中一次以行或者多行前进或向后浏览数据的能力。可以把游标当作一个指针,它可以指定结果中的任何位置,然后允许用户对指定位置的数据进行处理,CursorType 类型及作用如表 12-14 所示。

表 12-14　CursorType 类型及作用

序　　号	游标类型	作　　用
1	adOpenStatic	静态游标,支持记录集向前和向后移动,不能反映其他用户对数据库的增加、删除、修改等操作
2	adOpenDynamic	动态游标,能够反映所有用户的所有操作
3	adOpenForwardOnly	仅向前游标,仅支持记录集向前移动操作
4	adOpenKeyset	键集游标,禁止访问其他用户删除记录、添加记录,可以看见用户更改

3. 新建的 Command 对象

新建的 Command 对象常用的属性如表 12-15 所示。

表 12-15　Command 对象常用的属性

属　　性	含　　义
ActiveConnection	设置或返回包含定义连接或 Connection 对象的字符串
CommandText	设置或返回包含提供者 Provider 命令或 SQL 语句、表名称或存储过程的调用
CommandTimeout	设置或返回长整型值,该值指示等待命令执行的时间(单位为秒)默认值为 30
CommandType	设置或返回一个 Command 对象的类型
Name	设置或返回一个 Command 对象的名称
Prepared	指示执行前是否保存命令的编译版本(已经准备好的版本)
State	返回一个值,此值可描述该 Command 对象处于打开、关闭、连接、执行还是取回数据的状态

Command 对象常用的方法如表 12-16 所示。

表 12-16　Command 对象常用的方法

方　　法	含　　义
Cancel	取消一个方法的一次执行
CreateParameter	创建一个新的 Parameter 对象
Execute	执行 CommandText 属性中的查询、SQL 语句或存储过程

12.5 本章教学案例

12.5.1 字符串连接实现表中数据的浏览与添加

📖案例描述

在窗体上添加控件,界面设计如图12-4所示,操作要求如下。

(1) 通过 ADO 控件绑定名为 XSCJ 数据库中的 STU 表,通过"使用连接字符串"实现。

(2) 通过设置属性将文本框与表中的字段进行绑定。

(3) 通过命令按钮实现表中记录的浏览。

(4) 将窗体文件保存为 SQL12-01. frm,工程文件保存为 SQL12-01. vbp。

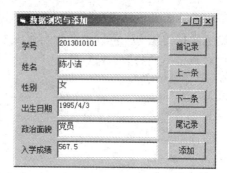

图 12-4　运行结果

📖最终效果

本案例的最终效果如图12-4所示。

✍案例实现

(1) 右击工具箱→部件→Microsoft ADO Data Control 6.0(SP4)→确定。

(2) 在窗体上绘制 ADO 控件,设置 Adodc1 的 Visible 属性为 False。

(3) 右击 Adodc1 控件→ADODC 属性→使用连接字符串→生成,连接属性设置如图 12-5 所示。

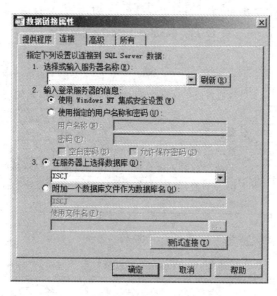

图 12-5　参数设置

(4) 设置完成后,选择测试连接→连接成功→确定→生成如图 12-6 所示的连接字符串,即 ConnectionString 属性。

(5) RecordSource 属性设置如图 12-7 所示。

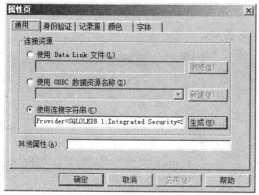

图 12-6　使用连接字符串

图 12-7　RecordSource 属性设置

（6）选择所有文本框，将文本框的 DataSource 属性设置为 Adodc1。

（7）选择相应的文本框，将文本框的 DataField 属性绑定表中的相应字段。

（8）本案例编写代码如下：

```
Private Sub Command1_Click() '显示首记录
Adodc1.Recordset.MoveFirst
End Sub
Private Sub Command2_Click() '显示上一条记录
Adodc1.Recordset.MovePrevious
If Adodc1.Recordset.BOF = True Then Adodc1.Recordset.MoveFirst
End Sub
Private Sub Command3_Click() '显示下一条记录
Adodc1.Recordset.MoveNext
If Adodc1.Recordset.EOF = True Then Adodc1.Recordset.MoveLast
End Sub
Private Sub Command4_Click() '显示尾记录
Adodc1.Recordset.MoveLast
End Sub
Private Sub Command5_Click() '增加记录
Adodc1.Recordset.AddNew
Text1.SetFocus
End Sub
```

知识要点分析

（1）ConnectionString 属性指定连接的字符串。

（2）RecordSource 属性指定连接的表。

（3）DataSource 属性绑定 ADO 控件。

（4）DataField 属性绑定表中的字段。

12.5.2　代码绑定实现表中数据浏览与添加

案例描述

在窗体上添加控件，界面设计如图 12-8 所示，操作要求如下。

（1）通过编写代码将 ADO 控件与 XSCJ 数据库中的 STU 表绑定。

（2）通过代码将 STU 表中的数据读取并显示在相应的文本框内。

（3）命令按钮通过调用模块中的代码实现表中记录的浏览。

（4）将窗体文件保存为 SQL12-02.frm，模块文件保存为 SQL12-02.bas，工程文件保存为 SQL12-02.vbp。

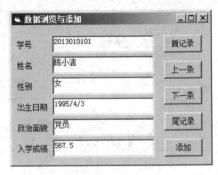

图 12-8　运行结果

💻最终效果

本案例的最终效果如图 12-8 所示。

✐案例实现

（1）根据 12.5.1 节案例的步骤生成如图 12-6 所示的连接字符串，将连接字符串剪切后关闭"属性页"对话框；

（2）本案例编写模块代码如下：

```
Public Sub sub1()
'Form1.Text1.Text = Form1.Adodc1.Recordset.Fields("学号")
'Form1.Text2.Text = Form1.Adodc1.Recordset.Fields("姓名")
'Form1.Text3.Text = Form1.Adodc1.Recordset.Fields("性别")
'Form1.Text4.Text = Form1.Adodc1.Recordset.Fields("出生日期")
'Form1.Text5.Text = Form1.Adodc1.Recordset.Fields("政治面貌")
'Form1.Text6.Text = Form1.Adodc1.Recordset.Fields("入学成绩")
Form1.Text1.Text = Form1.Adodc1.Recordset.Fields(0)
Form1.Text2.Text = Form1.Adodc1.Recordset.Fields(1)
Form1.Text3.Text = Form1.Adodc1.Recordset.Fields(2)
Form1.Text4.Text = Form1.Adodc1.Recordset.Fields(3)
Form1.Text5.Text = Form1.Adodc1.Recordset.Fields(4)
Form1.Text6.Text = Form1.Adodc1.Recordset.Fields(5)
End Sub

Public Sub sub2()
Form1.Text1.Text = ""
Form1.Text2.Text = ""
Form1.Text3.Text = ""
Form1.Text4.Text = ""
Form1.Text5.Text = ""
Form1.Text6.Text = ""
Form1.Text1.SetFocus
End Sub

Public Sub topskip()
Form1.Adodc1.Recordset.MovePrevious
If Form1.Adodc1.Recordset.BOF = True Then Form1.Adodc1.Recordset.MoveFirst
End Sub

Public Sub bottomskip()
Form1.Adodc1.Recordset.MoveNext
If Form1.Adodc1.Recordset.EOF = True Then Form1.Adodc1.Recordset.MoveLast
End Sub

Public Sub toop()
Form1.Adodc1.Recordset.MoveFirst
```

Visual Basic与SQL数据库编程 ————————————

```
End Sub

Public Sub bottom()
Form1. Adodc1. Recordset. MoveLast
End Sub
```

（3）本案例编写窗体代码如下：

```
Private Sub Command1_Click()          '首记录
Call toop
Call sub1
End Sub

Private Sub Command2_Click()          '上一条
Call topskip
Call sub1
End Sub

Private Sub Command3_Click()          '下一条
Call bottomskip
Call sub1
End Sub

Private Sub Command4_Click()          '尾记录
Call bottom
Call sub1
End Sub

Private Sub Command5_Click()          '添加
If Command5. Caption = "添加" Then
    Adodc1. Recordset. AddNew
    Call sub2
    Command5. Caption = "保存"
Else
    Command5. Caption = "添加"
    Adodc1. Recordset. Fields(0). Value = Text1. Text
    Adodc1. Recordset. Fields(1). Value = Text2. Text
    Adodc1. Recordset. Fields(2). Value = Text3. Text
    Adodc1. Recordset. Fields(3). Value = Text4. Text
    Adodc1. Recordset. Fields(4). Value = Text5. Text
    Adodc1. Recordset. Fields(5). Value = Text6. Text
    Call sub2
End If
End Sub

Private Sub Form_Load()               '通过代码进行数据库与表的连接
Adodc1. ConnectionString = " Provider = SQLOLEDB. 1; Integrated  Security = SSPI; Persist
Security Info=False;Initial Catalog=XSCJ;Data Source=."
Adodc1. CommandType = adCmdTable
Adodc1. RecordSource = "STU"
Adodc1. Refresh
End Sub
```

☜知识要点分析

（1）Adodc1. ConnectionString = " "（双引号内即在属性页中生成的连接字符串）。

（2）Adodc1. CommandType = adCmdTable（指定命令模式为表）。

（3）Adodc1. RecordSource ＝ " "（双引号内即要连接数据库中的 STU 数据表）。

（4）Adodc1. Refresh（最后刷新的目的是激活 ADO 控件）。

（5）Fields 指明字段时，可以是字段名，也可以是字段的顺序号，字段顺序号从 0 开始。

12.5.3 ODBC 建立文件 DSN 实现表中的数据浏览与添加

📖 **案例描述**

在窗体上添加控件，界面设计如图 12-9 所示，操作要求如下。

（1）利用 ADO 控件绑定 XSCJ 数据库中的 STU 表时，通过"使用 ODBC 数据资源名称"实现，用 ODBC 建立系统 DSN，名为 XSCJ_ODBC，指定默认数据库为 XSCJ。

（2）通过设置属性将文本框控件数组与表中的字段进行绑定。

（3）通过命令按钮实现表中记录的浏览、修改与删除。

（4）将窗体文件保存为 SQL12-03. frm，工程文件保存为 SQL12-03. vbp。

💻 **最终效果**

本案例的最终效果如图 12-9 所示。

✎ **案例实现**

（1）右击工具箱→部件→Microsoft ADO Data Control 6.0(SP4)→确定。

（2）在窗体上绘制 ADO 控件，设置 Adodc1 的 Visible 属性为 False。

（3）右击 Adodc1 控件→ADODC 属性→使用 ODBC 数据资源名称→新建，设置如图 12-10 所示。

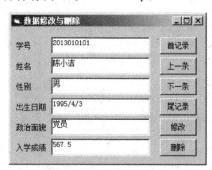

图 12-9　运行结果

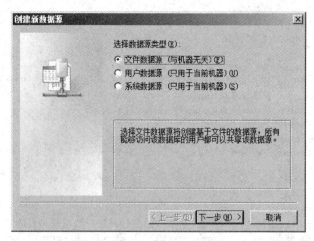

图 12-10　文件数据源

（4）单击"下一步"按钮→选择 SQL Server，设置如图 12-11 所示。

（5）单击"下一步"按钮→浏览文件数据源要保存的位置，设置如图 12-12 所示。

（6）单击"下一步"按钮→文件数据源保存成功，如图 12-13 所示。

（7）单击"完成"按钮→选择或输入服务器名，如图 12-14 所示。

（8）单击"下一步"按钮→选择使用网络登录 ID 的 Windows NT 验证，如图 12-15 所示。

（9）单击"下一步"按钮→更改默认数据库为 XSCJ，如图 12-16 所示。

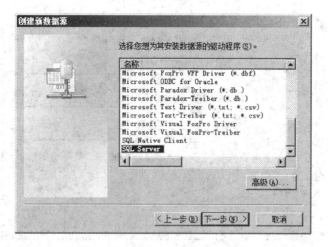

图 12-11　选择 SQL Server

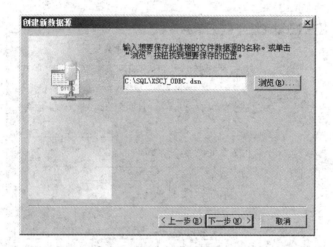

图 12-12　选择保存位置

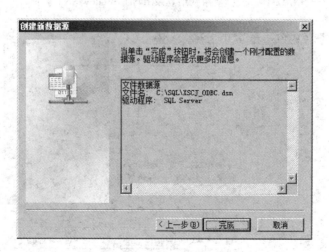

图 12-13　文件数据源保存成功

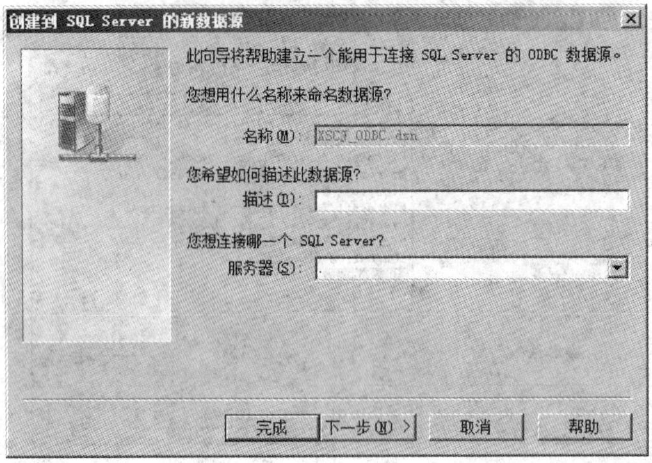

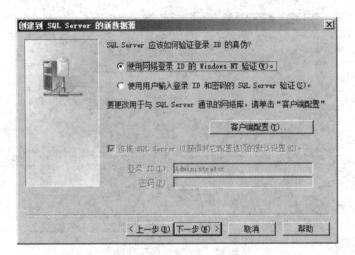

图 12-14 选择或输入服务器名

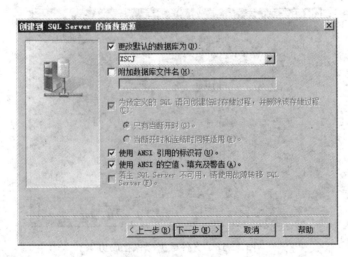

图 12-15 选择使用网络登录 ID 的 Windows NT 验证

图 12-16 更改默认数据库为 XSCJ

（10）单击"下一步"按钮→采用默认设置即可,如图 12-17 所示。

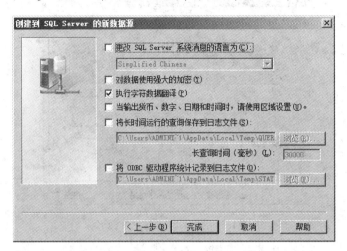

图 12-17　执行字符数据翻译

（11）单击"完成"按钮→测试数据源→测试成功,如图 12-18 所示。

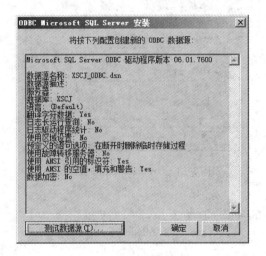

图 12-18　测试数据源

（12）单击"确定"按钮→"使用 ODBC 数据资源名称"下拉列表中选择 XSCJ_ODBC,
如图 12-19 所示。

（13）单击"确定"按钮→生成连接,即 ConnectionString 属性。

（14）RecordSource 属性设置如图 12-20 所示。

（15）选择所有文本框,将文本框的 DataSource 属性设置为 Adodc1。

（16）选择相应的文本框,将文本框的 DataField 属性绑定表中的相应字段。

（17）本案例编写代码如下:

```
Private Sub Command1_Click()          '首记录
Adodc1.Recordset.MoveFirst
End Sub
```

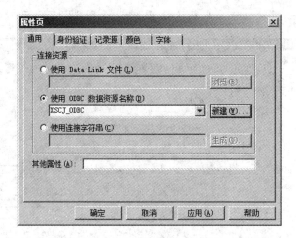

图 12-19　使用 ODBC 数据资源名称

图 12-20　RecordSource 属性设置

```
Private Sub Command2_Click()                '上一条
Adodc1.Recordset.MovePrevious
If Adodc1.Recordset.BOF = True Then Adodc1.Recordset.MoveFirst
End Sub

Private Sub Command3_Click()                '下一条
Adodc1.Recordset.MoveNext
If Adodc1.Recordset.EOF = True Then Adodc1.Recordset.MoveLast
End Sub

Private Sub Command4_Click()                '尾记录
Adodc1.Recordset.MoveLast
End Sub

Private Sub Command5_Click()                '修改与保存
If Command5.Caption = "修改" Then
    For i = 0 To 5
        Text1(i).Locked = False
    Next
```

```
        Command5.Caption = "保存"
Else
        Command5.Caption = "修改"
        For i = 0 To 5
                Text1(i).Locked = True
        Next
End If
End Sub

Private Sub Command6_Click()                    '删除
pd = MsgBox("你确认要删除吗", vbOKCancel+vbQuestion, "删除提示")
If pd = 1 Then
        Adodc1.Recordset.Delete
        Adodc1.Recordset.Update
        Adodc1.Refresh
Else
End If
End Sub
```

知识要点分析

(1) 使用 ODBC 建立数据源连接。

(2) 使用 ODBC 建立文件 DSN 连接。

12.5.4 计算应发工资

案例描述

在窗体上添加控件,界面设计如图 12-21 所示,操作要求如下。

(1) 建立如图 12-21 所示的数据表(结构及类型自定)并录入数据,其中应发工资列为空。

(2) 通过循环计算应发工资一列。

(3) 将窗体文件保存为 SQL12-04.frm,工程文件保存为 SQL12-04.vbp。

最终效果

本案例的最终效果如图 12-21 所示。

图 12-21 运行结果

案例实现

(1) 创建窗体,添加控件。

(2) 程序代码如下:

```
Private Sub Command1_Click()
Do While Adodc1.Recordset.EOF = False
    Adodc1.Recordset.Fields("应发工资") = Adodc1.Recordset.Fields("基本工资") +
Adodc1.Recordset.Fields("岗位工资") + Adodc1.Recordset.Fields("奖金") - Adodc1.
Recordset.Fields("房租") - Adodc1.Recordset.Fields("水电费")
    Adodc1.Recordset.MoveNext
Loop
Set DataGrid1.DataSource = Adodc1
End Sub

Private Sub Form_Load()
Adodc1.ConnectionString = "Provider = SQLOLEDB.1;Integrated Security = SSPI;Persist
Security Info=False;Initial Catalog=NCD;Data Source=."
Adodc1.CommandType = adCmdTable
Adodc1.RecordSource = "GZ"
Adodc1.Refresh
End Sub
```

☜ **知识要点分析**

(1) 应发工资＝基本工资＋岗位工资＋奖金－房租－水电费。

(2) EOF 函数用于判断是否到达记录尾。

(3) MoveNext 用于移向下一条记录。

12.5.5 通过记录号进行记录指针的定位

📖 **案例描述**

在窗体上添加控件,界面设计如图 12-22 所示,操作要求如下。

(1) 通过 ODBC 建立文件 DSN,名为 XSCJ_ODBC,指定默认数据库为 XSCJ。

(2) 通过记录号定位 STU 表中的记录,并显示学号、姓名、性别三个字段的值。

(3) 将窗体文件保存为 SQL12-05.frm,工程文件保存为 SQL12-05.vbp。

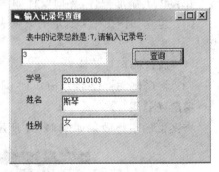

💻 **最终效果**

本案例的最终效果如图 12-22 所示。

图 12-22 运行结果

✍ **案例实现**

(1) 创建窗体,添加控件。

(2) 程序代码如下:

```
Private Sub Command1_Click()              '查询
If Val(Text2.Text) <= Adodc1.Recordset.RecordCount Then
    Adodc1.Recordset.Move Val(Text2.Text) -1
    For i = 0 To 2
        Text1(i).Text = Adodc1.Recordset.Fields(i)
    Next
```

```
Else
    MsgBox "已超过记录的范围,请重新输入!", 0 + 48, "错误提示"
    Text2. Text = ""
    Text2. SetFocus
End If
Adodc1. Recordset. MoveFirst
End Sub


Private Sub Form_Load()
Adodc1. ConnectionString = "FILE NAME=C:\SQL\XSCJ_ODBC. DSN"
Adodc1. CommandType = adCmdTable
Adodc1. RecordSource = "stu"
Adodc1. Refresh
Label4. Caption = "表中的记录总数是:" & Adodc1. Recordset. RecordCount &", 请输入记
录号:"
End Sub
```

📖知识要点分析

(1) FILE NAME=C:\SQL\XSCJ_ODBC. DSN 建立文件 DSN 连接。

(2) Adodc1. Recordset. RecordCount 用于得到表中的记录总数。

12.5.6　通过表格控件显示不同表的记录

📖案例描述

在窗体上添加控件,界面设计如图 12-23 所示,操作要求如下。

(1) 通过组合框添加三个表 STU、COURSE、SCORE。

(2) 通过表格控件显示三个表的记录。

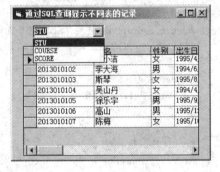

(3) 将窗体文件保存为 SQL12-06. frm,工程文件保存为 SQL12-06. vbp。

📖最终效果

本案例的最终效果如图 12-23 所示。

图 12-23　运行结果

✍案例实现

(1) 创建窗体,添加控件。

(2) 创建 ODBC 连接。

(3) 程序代码如下:

```
Private Sub Combo1_Click()                    '请选择表
Adodc1. CommandType = adCmdText
Adodc1. RecordSource = "SELECT * FROM " & Combo1. Text
Adodc1. Refresh
Set DataGrid1. DataSource = Adodc1
End Sub


Private Sub Form_Load()                       '建立数据库连接
Adodc1. ConnectionString = "DSN=XSCJ_ODBC"
End Sub
```

☞知识要点分析

(1) "SELECT * FROM " & Combo1.Text 用 SQL 语句显示不同的表。

(2) Set DataGrid1.DataSource = Adodc1 设置表格控件显示表记录。

12.5.7 按姓名查询学生的各门课程成绩

📖案例描述

在窗体上添加控件,界面设计如图 12-24 所示,操作要求如下。

(1) 利用文本框输入学生的姓名。

(2) 通过"查询"命令按钮将查询结果显示在表格控件中。

(3) 将窗体文件保存为 SQL12-07.frm,工程文件保存为 SQL12-07.vbp。

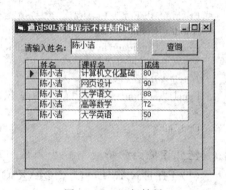

图 12-24 运行结果

🖳最终效果

本案例的最终效果如图 12-24 所示。

✍案例实现

(1) 创建窗体,添加控件。

(2) 创建 ODBC 连接。

(3) 程序代码如下:

```
Private Sub Command1_Click()                '查询
Adodc1.CommandType = adCmdText
Adodc1.RecordSource = "SELECT 姓名,课程名,成绩 FROM STU, SCORE, COURSE WHERE
STU.学号=SCORE.学号 AND SCORE.课程号=COURSE.课程号 AND 姓名='" & Text1 &
"'"
Adodc1.Refresh
Set DataGrid1.DataSource = Adodc1
End Sub


Private Sub Form_Load()                 '建立数据库连接
Adodc1.ConnectionString = "DSN=XSCJ_ODBC"
End Sub
```

☞知识要点分析

(1) 用 SELECT 查询结果作为数据源。

(2) 用文本框 Text1 输入姓名,通过"&"进行字符串连接,姓名用"'"作为分界。

12.5.8 Connection 对象创建数据库与表

📖案例描述

在窗体上添加控件,界面设计如图 12-25 所示,操作要求如下。

(1) 创建 Connection,利用该对象创建数据库与表。

(2) 数据库名为 SJK,表名为 STUDENT,表中含有学号 CHAR(10),姓名 CHAR(10),

264

Visual Basic与SQL数据库编程

出生日期 DATETIME 三个字段。

(3) 向表中添加记录。

(4) 将窗体文件保存为 SQL12-08.frm,工程文件保存为 SQL12-08.vbp。

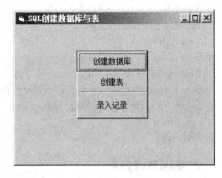

图 12-25 运行结果

💻**最终效果**

本案例的最终效果如图 12-25 所示。

✍**案例实现**

(1) 创建窗体,添加控件。

(2) 创建字符串连接。

(3) 程序代码如下。

通用部分定义 Connection 对象:

```
Dim cnn As New ADODB.Connection

Private Sub Command1_Click()              '创建数据库连接
On Error GoTo CRsjk
SQLTEXT = "CREATE DATABASE SJK"
cnn.Execute SQLTEXT
cnn.Close
MsgBox "数据库创建成功", 0 + 16
cnn.ConnectionString = "Provider=SQLOLEDB.1;Integrated Security=SSPI;Persist Security
Info=False;Initial Catalog=SJK;Data Source=(LOCAL)"
cnn.Open
Exit Sub
CRsjk:
MsgBox "数据库已经存在,不用创建,按确定打开", vbOKOnly + vbExclamation, "数据库提示"
cnn.Close
cnn.ConnectionString = "Provider=SQLOLEDB.1;Integrated Security=SSPI;Persist Security
Info=False;Initial Catalog=SJK;Data Source=(LOCAL)"
cnn.Open
End Sub


Private Sub Command2_Click()              '创建表
On Error GoTo tabl
SQLTEXT = "CREATE TABLE STUDENT(学号 CHAR(10),姓名 CHAR(10),出生日期
DATETIME)"
cnn.Execute SQLTEXT
MsgBox "表创建成功", 0 + 16
tabl:
MsgBox "表已经存在,不用创建,可以直接录入记录", vbOKOnly + vbExclamation, "创建表提
示"
End Sub


Private Sub Command3_Click()              '录入记录
XH = InputBox("请输入学号", "输入学号")
XM = InputBox("请输入姓名", "输入姓名")
CSRQ = InputBox("请输入出生日期", "出生日期")
SQLTEXT = "INSERT INTO STUDENT(学号,姓名,出生日期) VALUES('" & XH & "','" &
```

```
XM & "','" & CSRQ & "')"
cnn.Execute SQLTEXT
End Sub

Private Sub Form_Load()                      '初始数据库连接
cnn.ConnectionString = "Provider=SQLOLEDB.1;Integrated Security=SSPI;Persist Security
Info=False;Initial Catalog=xscj;Data Source=(LOCAL)"
cnn.Open
End Sub
```

🖙知识要点分析

（1）通过字符串连接修改 XSCJ 数据库为 SJK。

（2）通过 cnn.Execute 执行 SQL 语句。

（3）cnn.Open 打开连接。

（4）cnn.Close 关闭连接。

12.5.9　通过 Recordset 浏览 STUDENT 表中的记录

📖案例描述

在窗体上添加控件，界面设计如图 12-26 所示，操作要求如下。

（1）通过 Recordset 对象显示记录。

（2）通过游标控制表的记录指针。

（3）将窗体文件保存为 SQL12-09.frm，工程
文件保存为 SQL12-09.vbp。

🖳最终效果

本案例的最终效果如图 12-26 所示。

图 12-26　运行结果

✍案例实现

（1）创建窗体，添加控件。

（2）创建 ODBC 连接。

（3）程序代码如下：

```
Dim cnn As New ADODB.Connection, res As New ADODB.Recordset
Private Sub Command1_Click()                 '首记录
res.MoveFirst
Call JLSHOW
End Sub

Private Sub Command2_Click()                 '上一条
res.MovePrevious
If res.BOF = True Then res.MoveFirst
Call JLSHOW
End Sub

Private Sub Command3_Click()                 '下一条
res.MoveNext
If res.EOF = True Then res.MoveLast
```

Visual Basic与SQL数据库编程

```
    Call JLSHOW
End Sub

Private Sub Command4_Click()                    '尾记录
res.MoveLast
Call JLSHOW
End Sub

Private Sub Form_Load()                         '数据库连接
cnn.ConnectionString = "Provider=SQLOLEDB.1;Integrated Security=SSPI;Persist Security
Info=False;Initial Catalog=sjk;Data Source=(LOCAL)"
cnn.Open
If cnn.State = adStateOpen Then
    res.CursorType = adOpenStatic
    res.Open "SELECT * FROM STUDENT", cnn
    Call JLSHOW
Else
    MsgBox "数据库连接失败"
End If
End Sub
Private Sub JLSHOW()
For I = 0 To 2
    Text1(I).Text = res.Fields(I).Value
    Next I
End Sub
```

知识要点分析

(1) If cnn.State = adStateOpen 判断连接是否打开。

(2) res.Open "SELECT * FROM STUDENT", cnn 打开记录集,使用 CNN 连接。

12.5.10 通过 Command 对象向 STUDENT 表录入记录

案例描述

在窗体上添加控件,界面设计如图 12-27 所示,操作要求如下。

(1) 通过 Command 对象向表中录入记录。

(2) 将窗体文件保存为 SQL12-10.frm,工程文件保存为 SQL12-10.vbp。

最终效果

本案例的最终效果如图 12-27 所示。

案例实现

(1) 创建窗体,添加控件。

(2) 创建字符串连接。

(3) 程序代码如下。

在通用部分创建对象:

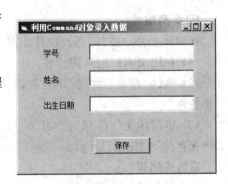

图 12-27　运行结果

267

```
Public cnn As New ADODB.Connection, cmd As New ADODB.Command

Private Sub Command1_Click()                    '保存数据
SQLTEXT = "INSERT INTO STUDENT(学号,姓名,出生日期) VALUES('" & Text1(0).
Text & "','" & Text1(1).Text & "','" & Text1(2).Text & "')"
cmd.CommandText = SQLTEXT
cmd.Execute
MsgBox "保存成功", vbOKOnly + vbExclamation, "数据录入"
For i = 0 To 2
Text1(i).Text = ""
Next
Text1(0).SetFocus
End Sub

Private Sub Form_Load()                         '建立数据库连接
cnn.ConnectionString = "Provider=SQLOLEDB.1;Integrated Security=SSPI;Persist Security
Info=False;Initial Catalog=sjk;Data Source=(LOCAL)"
cnn.Open
Set cmd.ActiveConnection = cnn
End Sub

Private Sub Form_Unload(Cancel As Integer)
cnn.Close                                       '关闭连接
Set cnn = Nothing                               '释放连接
End Sub
```

📖知识要点分析

（1）cmd.CommandText = SQLTEXT 设置 Command 对象执行文本。

（2）cmd.Execute 执行 Command 对象文本。

（3）Set cmd.ActiveConnection = cnn 设置 Command 对象激活 cnn 连接。

12.5.11 按课程名查询每个学生的成绩

📖案例描述

在窗体上添加控件，界面设计如图 12-28 所示，操作要求如下。

（1）利用文本框输入课程名。

（2）通过"查询"命令按钮将查询结果显示在表格控件中。

（3）将窗体文件保存为 SQL12-11.frm，工程文件保存为 SQL12-11.vbp。

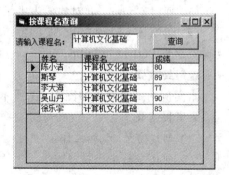

📖最终效果

本案例的最终效果如图 12-28 所示。

📖案例实现

（1）创建窗体，添加控件。

（2）创建字符串连接。

图 12-28 运行结果

（3）程序代码如下：

```
Dim cnn As New ADODB.Connection, res As New ADODB.Recordset
Private Sub Command1_Click()                    '查询
res.CursorLocation = adUseClient
SQLTXT = "SELECT 姓名,课程名,成绩 FROM STU, SCORE, COURSE WHERE  STU.学
号=SCORE.学号 AND SCORE.课程号=COURSE.课程号 AND 课程名='" & Text1 & "'"
res.Open SQLTXT, cnn, adOpenForwardOnly, adLockOptimistic
Set DataGrid1.DataSource = res
End Sub

Private Sub Form_Load()                    '建立数据库连接
cnn.Open " Provider = SQLOLEDB.1; Integrated Security = SSPI; Persist Security Info = False;
Initial Catalog=xscj;Data Source=(LOCAL)"
End Sub
```

知识要点分析

（1）res.CursorLocation = adUseClient 设置在客户端显示记录。

（2）res.Open SQLTXT，cnn，adOpenForwardOnly，adLockOptimistic 设置打开的
记录集和记录读写方式。

（3）Set DataGrid1.DataSource = res 设置表格显示记录集。

12.5.12　利用 XSCJ 数据库对学生选课情况进行统计

案例描述

在窗体上添加控件，界面设计如图 12-29～
图 12-31 所示，操作要求如下。

（1）统计每个学生的选课门数及平均分。

（2）统计每门课的选课人数及最高分。

（3）查询没有选课的学生。

（4）将窗体文件保存为 SQL12-12.frm，工程
文件保存为 SQL12-12.vbp。

最终效果

本案例的最终效果如图 12-29～图 12-31 所示。

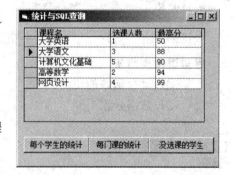

图 12-29　每个学生的统计运行结果

图 12-30　每门课的统计运行结果　　　　图 12-31　没选课的学生运行结果

案例实现

（1）创建窗体，添加控件。

（2）创建 ODBC 连接。

（3）程序代码如下：

```
Private Sub Command1_Click()                    '统计每个学生
Adodc1.RecordSource = "SELECT STU.学号,姓名,COUNT(*) AS 选课门数,AVG(成绩)AS 平均
分 FROM STU,SCORE WHERE STU.学号＝SCORE.学号 GROUP BY STU.学号,姓名 ORDER BY 3"
Adodc1.Refresh
End Sub

Private Sub Command2_Click()                    '统计每门课
Adodc1.RecordSource = "SELECT 课程名,COUNT(*) AS 选课人数,MAX(成绩)AS 最高分
FROM SCORE,COURSE WHERE SCORE.课程号＝COURSE.课程号 GROUP BY 课程名 ORDER
BY 3"
Adodc1.Refresh
End Sub

Private Sub Command3_Click()                    '没有选课的学生
Adodc1.RecordSource = "SELECT * FROM STU WHERE 学号 NOT IN(SELECT 学号
FROM SCORE)"
Adodc1.Refresh
End Sub

Private Sub Form_Load()                          '建立数据库连接
Adodc1.ConnectionString = "dsn=xscj_odbc"
Adodc1.CommandType = adCmdText
Adodc1.RecordSource = "SELECT * FROM STU"
Set DataGrid1.DataSource = Adodc1
End Sub
```

知识要点分析

（1）SQL 聚合函数的使用。

（2）SQL 数据分组。

12.6 本章课外实验

12.6.1 编写代码实现控件与字段的绑定

在窗体上添加控件，界面设计如图 12-32 所示，操作要求如下。

（1）利用 ADO 控件绑定 XSCJ 数据库中的 STU 表，通过"使用连接字符串"实现。

（2）通过编写代码将文本框与表中的字段进行绑定。

（3）通过命令按钮实现表中记录的浏览。

（4）将窗体文件保存为 KSSQL12-01.frm，工程文件保存为 KSSQL12-01.vbp。

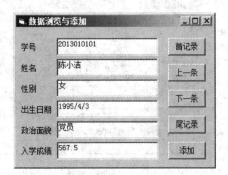

图 12-32　运行结果

12.6.2　文本框输入学号查询信息

在窗体上添加控件,界面设计如图 12-33 所示,操作要求如下。

(1) 通过编写代码将 ADO 控件与 XSCJ 数据库中的 STU 表绑定,用 ODBC 建立系统 DSN,名为 XSCJ_ODBC,指定默认数据库为 XSCJ;

(2) 通过编写代码将文本框控件数组与表中的字段进行绑定;

(3) 程序运行时,在"学号"文本框中输入学号,单击"查询"命令按钮通过 FIND 命令进行查询,并显示查询结果;

(4) 将窗体文件保存为 KSSQL12-02.frm,工程文件保存为 KSSQL12-02.vbp。

12.6.3　组合框选择学号查询信息

在窗体上添加控件,界面设计如图 12-34 所示,操作要求如下。

图 12-33　运行结果

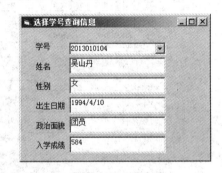

图 12-34　运行结果

(1) 编写代码将 ADO 控件与 XSCJ 数据库中的 STU 表绑定,通过"使用连接字符串"实现;

(2) 通过编写代码将表 STU 中的相应字段与文本框绑定;

(3) 通过编写代码将表 STU 中的学号字段添加到组合框中;

(4) 程序运行时,在组合框中选择学号后,通过 FIND 命令进行查询,并将该学号对应的查询结果显示在相应的文本框中;

(5) 将窗体文件保存为 KSSQL12-03.frm,工程文件保存为 KSSQL12-03.vbp。

12.6.4　选择不同字段查询信息

在窗体上添加控件,界面设计如图 12-35 所示,操作要求如下。

(1) 利用 ADO 控件绑定 XSCJ 数据库中的 STU 表,通过"使用连接字符串"实现;

(2) 学号、姓名、性别、出生日期、政治面貌、入学成绩的标题通过标签控件数组实现,对应的文本框同样使用控件数组完成;

(3) 通过编写代码实现数据源与标签和文本框

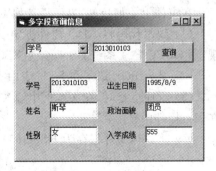

图 12-35　运行结果

的绑定；

（4）添加组合框 Combo1（列表内容为学号、姓名）、文本框 Text2（清空）、命令按钮 Command1（标题为查询）；

（5）程序运行时，在组合框中选择某字段，例如"学号"，然后在 Text2 中输入要查询的学号，单击"查询"命令按钮，即可将查询结果显示在相应的文本框中；

（6）将窗体文件保存为 KSSQL12-04.frm，工程文件保存为 KSSQL12-04.vbp。

12.6.5 表格控件操作记录

在窗体上添加控件，界面设计如图 12-36 所示，操作要求如下。

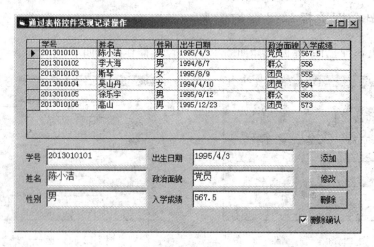

图 12-36 运行结果

（1）利用 ADO 控件绑定 XSCJ 数据库中的 STU 表，通过"使用连接字符串"实现；

（2）添加 1 个表格控件、6 个标签、1 个文本框控件数组、3 个命令按钮、1 个复选框；

（3）通过编写代码将文本框控件数组与表中的字段进行绑定；

（4）命令按钮通过调用模块中的代码操作表格控件中记录的添加、修改、删除；

（5）将窗体文件保存为 KSSQL12-05.frm，模块文件保存为 KSSQL12-05.bas，工程文件保存为 KSSQL12-05.vbp。

12.6.6 数据模糊查询

在窗体上添加控件，界面设计如图 12-37 所示，操作要求如下。

（1）编写代码将 ADO 控件绑定 XSCJ 数据库，通过"使用 ODBC 数据资源名称"实现，用 ODBC 建立系统 DSN，名为 XSCJ_ODBC，指定默认数据库为 XSCJ；

（2）结合 SQL 语句在 STU 表中查询姓名字段；

（3）程序运行时，在文本框中输入要查询的姓名关键字，单击命令按钮后将查询结果在表格控件中显示；

（4）将窗体文件保存为 KSSQL12-06.frm，工程文件保存为 KSSQL12-06.vbp。

Visual Basic与SQL数据库编程

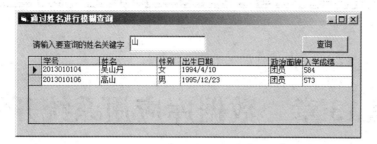

图 12-37　运行结果

12.6.7　建立数据库对象操作记录

在窗体上添加控件,界面设计如图 12-38 所示,操作要求如下。

(1) 利用 ADO 建立数据库对象绑定 XSCJ 数据库;

(2) 结合 SQL 语句在 STU 表中查询;

(3) 通过命令按钮对查询结果进行修改或删除;

(4) 程序运行后,首先判断数据库连接是否成功,并通过消息提示框显示连接结果如图 12-39 所示,若连接成功,单击"查询"命令按钮可弹出输入对话框要求输入学号,如图 12-40 所示,完成学号的输入并单击"确定"按钮即可完成信息的查询;

(5) 将窗体文件保存为 KSSQL12-07.frm,工程文件保存为 KSSQL12-07.vbp。

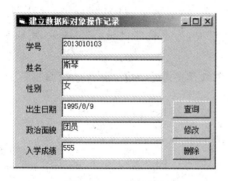

图 12-38　运行效果

图 12-39　消息提示框

图 12-40　输入对话框

第 13 章　数据库应用系统开发

本章说明

　　数据库应用系统的开发是一项工程,要遵从工程管理的规范,如监管、分析、实施、验收、维护等。一旦取得应用系统开发的任务,则要从需求分析开始,弄清楚系统的要求、系统的开发运行环境,进而进行可行性分析论证。可行性分析通过之后,进入系统具体的分析和设计过程。在完善的设计基础上开始具体编写程序(施工),从而得到产品。系统产品得到后,进行测试、再修改、再完善,最后形成可交付的最终产品(软件)。整个过程中,除了软件代码之外,每一步都要形成相应的文档,包括最初的合同文档。

　　本章以"商品库存管理系统"为例,介绍开发基于 SQL Server 的数据库应用系统的一般过程、方法和步骤。

本章主要内容

➢ 数据库应用系统开发的阶段。

➢ 商品库存管理系统功能分析。

➢ 商品库存管理系统数据库设计。

➢ 系统详细设计和代码实现。

📖 本章拟解决的问题

(1) 什么是数据库应用系统?

(2) 数据库应用系统开发的步骤是什么?

(3) 数据库应用系统开发时应注意什么?

(4) 商品库存管理系统如何做需求分析?

(5) 商品库存管理系统应具有什么功能?

(6) 商品库存管理系统分为几大功能模块? 各模块间有什么联系?

(7) 数据库设计的步骤是什么?

(8) 数据库设计时应注意什么?

(9) 如何设置数据表间的关系以确保数据的完整性?

(10) 商品库存管理系统的数据库如何设计?

(11) Visual Basic 如何通过 ADO Data 控件连接数据库?

(12) Visual Basic 如何通过 ADO Data 控件增加、删除、修改、查询数据库记录?

(13) Visual Basic 如何产生数据报表?

(14) Visual Basic 如何向数据环境设计器传递参数值?

13.1 数据库应用系统开发的阶段

数据库应用系统的开发粗略地分为需求分析、系统分析、系统设计、系统实施、系统评价等阶段。整个开发过程是递归、迭代的,可能要反复进行。

1. 需求分析

需求分析的主要目的是弄清楚用户对所要开发的应用系统的要求、所要实现的内容、达到的目标等。数据需求有哪些,功能需求有哪些。在需求分析阶段,开发人员要进行大量的调研,特别需要用户积极、细致地参与,弄清楚人工系统模型的过程,最后知道数据库应用系统的需求,从而形成需求说明文档。

2. 系统分析

系统分析阶段主要完成对应用系统的功能分析、目标分析、数据分析等,以量化、图表等形式明确表示,包括系统模型、数据流等。

3. 系统设计

系统设计分为概要设计和详细设计。所形成的是从总体到每一细节的设计方案、设计图纸。包括系统总体结构、数据通信网络、数据库、输入输出、界面等设计。系统设计文档是程序员进行编程、实现系统的依据。

4. 系统实施

系统实施阶段的主要任务是将系统分析阶段形成的应用系统逻辑模型实现为应用系

统物理模型,形成可运行的软件系统。

5．系统评价

系统评价主要评价系统的性能、可靠性、稳定性、安全性以及其他相关内容。可依据软件测试理论、利用软件测试等方法实现。

在产品正式投入运行之前,还要对人员进行培训。合格的系统操作使用人员对保证系统的正常、顺利地运行非常关键。

13.2 商品库存管理系统功能分析

本章要实现的是基于 SQL Server 数据库管理系统的"商品库存管理系统",根据需求分析和系统分析,确定系统主要功能包括系统登录、基本信息管理、入库操作、出库操作、数据统计分析及报表功能。本系统功能结构如图 13-1 所示。

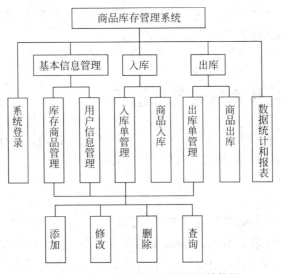

图 13-1　商品库存管理系统功能结构图

1．系统登录

"商品库存管理系统"具有两类使用权限的用户,一类是系统管理员,另一类是普通员工,系统管理员的权限高于普通员工。以系统管理员身份登录系统后,可以对使用该系统的任何用户信息进行添加、修改、删除和查询等操作,这是普通员工不具有的权限,其他操作权限均与普通员工相同。

2．基本信息管理

基本信息管理包括对库存商品和用户信息的管理,主要实现添加、修改、删除、查询等操作,其中库存商品信息管理是基本信息管理中最重要的环节。

3．入库

库存中的商品均通过具有使用该系统权限的用户添加而来,因此一种商品要入库,首先要填写入库单,并能够将入库单信息保存进数据库,然后执行"入库"操作,入库时应确保库存量的正确性。

4.出库

商品出库时也需要首先填写出库单,并将出库单信息存入数据库,然后进行"出库"操作,出库时也应该确保库存量的正确性。

5.数据统计分析和报表

为了给本部门的管理和相关部门的审阅提供方便,系统可以生成库存商品、入库单、出库单等报表清单,也可以通过对库存数据进行统计分析,产生报表并打印。

13.3 商品库存管理系统数据

数据库设计的质量对整个系统的运行效率、开发进度、数据安全等方面有着重要影响。合理的数据库设计是提高系统效率、实现数据完整性和一致性的重要保证。根据系统功能分析,确定建立名称为 StockDB.MDF 的数据库,数据库包括库存商品表、入库表、出库表和用户表 4 个数据表,各表功能和结构如表 13-1～表 13-4 所示。

表 13-1 库存商品表

序 号	字 段 名	类 型	主外键	备 注
1	商品编号	char(6)	主键	
2	商品名称	varchar(50)		
3	型号	varchar(25)		
4	供应商	varchar(50)		商品的供应商
5	商品类别	varchar(25)		商品所属类别
6	计量单位	char(4)		如台、件等
7	单价	decimal(10,2)		
8	库存量	int		
9	入库日期	char(10)		
10	备注	ntext		

说明:"入库日期"记录的是该商品的最后入库日期,应该为日期型,为了程序设计的需要将其设置为字符型,原因见 13.4.3 节。

表 13-2 入库表

序 号	字段名	类 型	主外键	备 注
1	入库单号	char(8)	主键	
2	商品编号	char(6)		
3	商品名称	varchar(50)		
4	型号	varchar(25)		
5	供应商	varchar(50)		
6	商品类别	varchar(25)		
7	计量单位	char(4)		

序　号	字段名	类　型	主外键	备　注
8	单价	decimal(10，2)		
9	数量	int		
10	经手人	char(7)	外键	值为用户表的员工编号
11	日期	char(10)		类型同库存商品表的入库日期
12	状态	char(2)		标识是否入库
13	备注	ntext		

表 13-3　出库表

序　号	字段名	类　型	主外键	备　注
1	出库单号	char(8)	主键	
2	商品编号	char(6)	外键	
3	出库数量	int		
4	客户名称	varchar(50)		商品销售的客户
5	经手人	char(7)	外键	值为用户表的员工编号
6	出库日期	char(10)		类型同库存商品表的入库日期
7	状态	char(2)		标识是否出库
8	备注	ntext		

表 13-4　用户表

序　号	字段名	类　型	主外键	备　注
1	员工编号	char(7)	主键	
2	员工姓名	varchar(20)		
3	权限	varchar(6)		
4	密码	varchar(15)		

说明：用户表为使用本系统的公司员工和系统管理员。

为了保证数据库数据的完整性，需要建立各表间的约束关系。表间关系主要指外键关系，外键约束的主要目的是控制存储在外键表中的数据，但它也可以控制对主键表中数据的修改。根据各表间的外键关系建立数据库关系图如图 13-2 所示。

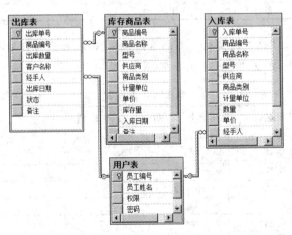

图 13-2　数据库关系图

13.4 系统详细设计和代码实现

整个系统实现时，Visual Basic 前台连接后台数据库以及对数据库进行访问都是使用 ADO Data 控件，因此首先将该控件通过"部件"对话框添加进来，设计时尽可能用代码连接数据库，并设置各绑定控件的数据源，避免出现界面操作过多，使系统的运行受限且易出错。在系统实现时用到一些全局变量，因此为系统添加了一个公共模块 CommonData. bas，代码如下：

```
Public LoginCounter As Integer        '定义登录次数变量
Public UserPower As String        '定义用户权限变量,用户在"登录"对话框登录后,通过该变量获
                                  '取用户的权限,进而控制主窗口中内容的显示
Public Const ConString As String = "Provider=SQLOLEDB.1;Integrated Security=SSPI;Persist
Security Info=False;Initial Catalog=StockDB;Data Source=."
                                  '定义公共连接字符串,供 ADO Data 控件和数据环境设计器连接数据库使用
```

系统创建的窗体、报表及说明如表 13-5 所示。

表 13-5 系统文件及说明

序 号	窗 体 名 称	说 明
1	LoginFrm. frm	登录界面
2	MainFrm. frm	主窗体
3	GoodsFrm. frm	库存商品管理
4	UserFrm. frm	用户信息管理
5	InStockFrm. frm	入库管理
6	OutStockFrm. frm	出库管理
7	DataEnvironment1. Dsr	为数据报表提供数据源的数据环境设计器
8	GoodsReport. Dsr	库存商品报表
9	InStockReport. Dsr	入库报表
10	OutStockReport. Dsr	出库报表

13.4.1 登录模块的设计和实现

"登录"对话框是系统的启动界面，界面设计如图 13-3 所示。窗体上添加了一个 Adodc1，通过其连接并访问数据库，但运行时将其隐藏。给用户提供了三次机会输入用户名和密码，如果三次都不正确，系统完全退出。

图 13-3 "登录"对话框

"登录"对话框代码如下：

```
Private Sub Form_Activate()          '在对话框激活时,Adodc1 连接数据库并设置要访问的数据源
Adodc1.ConnectionString = ConString          '连接数据库
Adodc1.CommandType = adCmdTable              '设置命令操作类型
Adodc1.RecordSource = "用户表"                '设置操作记录集为用户表
Adodc1.Refresh
LoginCounter = 3                             '登录次数限定为三次
End Sub
```

"确定"按钮的单击事件：
```
Private Sub Command1_Click()
If Text1.Text = "" Or Text2.Text = "" Then    '用户名或密码不能为空
    MsgBox "用户名或密码不能为空!"
Else
    Adodc1.CommandType = adCmdText
    Adodc1.RecordSource = "Select * From 用户表 Where 员工编号='" + Text1.Text + "'and
密码='" + Text2.Text + "'"                     '查找用户表判断输入的用户名和密码是否正确
    Adodc1.Refresh
    If Adodc1.Recordset.RecordCount > 0 Then   '记录个数大于 0,找到,登录成功
        MsgBox Adodc1.Recordset.Fields(1) + ",欢迎您进入商品库存管理系统!",,"登录成功"
        UserPower = Adodc1.Recordset.Fields(2) '得到登录用户权限
        Unload Me
        MainFrm.Show
    Else                                       '输入的用户名或密码不正确
        LoginCounter = LoginCounter - 1        '登录次数减 1
        If LoginCounter = 0 Then               '登录次数为 0,退出系统
            MsgBox "对不起,您没有进入此系统的资格!"
            End
        Else
            MsgBox "用户名或密码错误,请重新输入!您还有" + CStr(LoginCounter) + "次机
会!",,"登录错误"
            Text1.SelStart = 0                 '选中"用户名"文本框中的内容
            Text1.SelLength = Len(Text1.Text)
            Text1.SetFocus
            Text2.Text = ""
        End If
    End If
End If
End Sub
```

"取消"按钮的单击事件：

```
Private Sub Command2_Click()
End
End Sub
```

13.4.2 主窗体的设计和实现

主窗体如图 13-4 所示,使用菜单(Menu)和工具栏导航进入各个子模块窗体,菜单设计如图 13-5 所示。在菜单下方添加了工具栏(ToolBar),在其上设置了常用操作的快捷按钮。通过一个 Image 控件设置了一个可以随窗体调整大小的窗体背景图片,通过一个计时器控件控制写有"欢迎使用库存管理系统"的标签的滚动显示。

图 13-4　主窗体设计

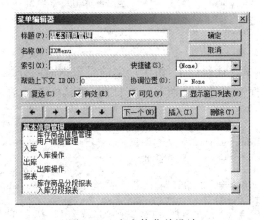

图 13-5　主窗体菜单设计

主窗体代码如下。

1. 主窗体 Form_Load()事件

```
Private Sub Form_Load()                    '根据用户权限确定该用户可以进行的操作
If UserPower = "员工" Then                 '如果权限为"员工",不能管理系统的用户信息
    YGGLMenu. Visible = False
End If
End Sub
```

2. 流动字幕

```
Private Sub Timer1_Timer()                 'Timer1 控制标签的滚动显示
If Label1. Left > -Label1. Width Then
    Label1. Move Label1. Left - 10
Else
    Label1. Left = MainFrm. Width
End If
End Sub
```

3. 主窗体各菜单项单击事件

```
Private Sub CKCZMnu_Click()                '显示出库操作窗口
Unload Me
```

```
OutStockFrm.Show
End Sub

Private Sub RKCZMnu_Click()                    '显示入库操作窗口
Unload Me
InStockFrm.Show
End Sub

Private Sub SPGLMenu_Click()                   '显示库存商品管理窗口
Unload Me
GoodsFrm.Show
End Sub

Private Sub YGGLMenu_Click()                   '显示用户管理窗口
Unload Me
UserFrm.Show
End Sub
```

显示报表的菜单项事件代码如下，由于产生的是根据时间分段的报表，因此在打开报表窗口前，要通过输入框输入起始日期和结束日期，将其作为参数，传递给数据环境设计器的 Command 命令。

```
Private Sub GoodsRPMenu_Click()    '显示库存商品分段报表
Dim begindate As String, enddate As String
Unload Me
begindate = InputBox("请输入起始日期,注意必须严格按 2013/01/01 的日期格式输入", "库存
商品日期输入", "2013/01/01")
enddate = InputBox("请输入结束日期,注意必须严格按 2013/01/01 的日期格式输入", "库存商
品日期输入", "2013/01/01")
DataEnvironment1.Command1 begindate, enddate                    '传递参数值
GoodsReport.Show
End Sub

Private Sub RKRPMenu_Click()                               '显示入库分段报表
Dim begindate As String, enddate As String
Unload Me
begindate = InputBox("请输入起始日期,注意必须严格按 2013/01/01 的日期格式输入", "入库
日期输入", "2013/01/01")
enddate = InputBox("请输入结束日期,注意必须严格按 2013/01/01 的日期格式输入", "入库日
期输入", "2013/01/01")
DataEnvironment1.Command2 begindate, enddate '传递参数值
InStockReport.Show
End Sub

Private Sub CKRPMenu_Click()                   '显示出库分段报表
Dim begindate As String, enddate As String
Unload Me
begindate = InputBox("请输入起始日期,注意必须严格按 2013/01/01 的日期格式输入", "入库
日期输入", "2013/01/01")
enddate = InputBox("请输入结束日期,注意必须严格按 2013/01/01 的日期格式输入", "入库日
期输入", "2013/01/01")
DataEnvironment1.Command3 begindate, enddate '传递参数值
OutStockReport.Show
End Sub

Private Sub QuitMenu_Click()                   '退出系统
```

```
End
End Sub
```

4. 主窗体工具栏各按钮单击事件

```
Private Sub Command1_Click()        '工具栏上的"商品管理"按钮,打开"库存商品管理"窗口
SPGLMenu_Click
End Sub
Private Sub Command2_Click()        '工具栏上的"入库"按钮,打开"入库管理"窗口
RKCZMnu_Click
End Sub
Private Sub Command3_Click()        '工具栏上的"出库"按钮,打开"出库管理"窗口
CKCZMnu_Click
End Sub

Private Sub Command4_Click()        '工具栏上的"商品分段报表"按钮,单击显示报表
GoodsRPMenu_Click
End Sub

Private Sub Command5_Click()        '工具栏上的"入库分段报表"按钮,单击显示报表
RKRPMenu_Click
End Sub

Private Sub Command6_Click()        '工具栏上的"出库分段报表"按钮,单击显示报表
CKRPMenu_Click
End Sub
```

13.4.3　库存商品管理模块的设计和实现

"库存商品管理"窗口设计界面如图 13-6 所示,运行界面如图 13-7 所示。窗体整体分为两部分,上面部分通过 Combo1 选择可以进行查询的字段,然后在 DataCombo1 中显

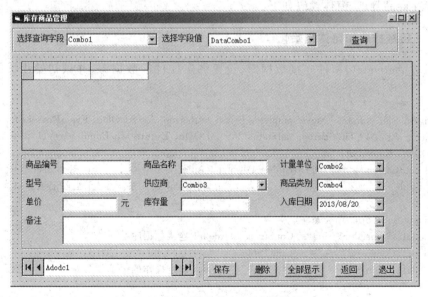

图 13-6　"库存商品管理"窗口设计界面

示选定字段的值,单击"查询"按钮后在 DataGrid1 中显示查询的结果。下面用 Frame2 框起来的部分为数据表各字段的绑定控件,可以实现记录的保存、修改和删除,通过 Frame3 中放置的按钮进行操作。Adodc1 控件既连接并确定了要操作的数据源,同时也可以控制记录指针的移动。在界面设计时需要注意:Combo1 下拉列表显示的是查询字段名,Combo2 下拉列表显示的是计量单位,Combo3 下拉列表显示的是供应商,Combo4 下拉列表显示的是商品类别,均需要在界面设计时在属性窗口录入。

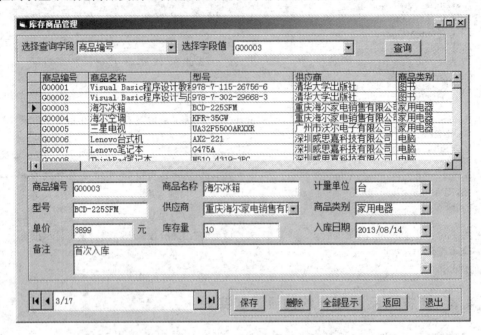

图 13-7 "库存商品管理"窗口运行界面

"库存商品管理"窗体代码如下。

1. 连接数据库和窗体初始化

Form_Activate()事件连接数据库、设置绑定控件的数据源,并做初始化操作,代码如下:

```
Private Sub Adodc1_MoveComplete (ByVal adReason As ADODB. EventReasonEnum, ByVal
pError As ADODB. Error, adStatus As ADODB. EventStatusEnum, ByVal pRecordset As
ADODB. Recordset)
Adodc1. Caption = Adodc1. Recordset. AbsolutePosition & "/" & Adodc1. Recordset. RecordCount
End Sub                          '利用 Adodc1 的标题显示当前记录号和总的记录数

Private Sub Form_Activate()
Adodc1. ConnectionString = ConString    'Adodc1 连接数据库
Adodc1. CommandType = adCmdTable
Adodc1. RecordSource = "库存商品表"   'Adodc1 确定操作的记录集

Combo1. ListIndex = 0                'Combo1 默认选中列表中的第一项
```

```
Set DataCombo1.DataSource = Adodc1
                              '根据 Combo1.Text 设置 DataCombo1 列表显示该字段值
DataCombo1.DataField = Combo1.Text
Set DataCombo1.RowSource = Adodc1
DataCombo1.ListField = Combo1.Text
DataCombo1.BoundColumn = Combo1.Text

Set DataGrid1.DataSource = Adodc1      '设置 DataGrid1 的数据源

Set Text1.DataSource = Adodc1          '将文本框与库存商品表各字段相关联
Text1.DataField = "商品编号"
Set Text2.DataSource = Adodc1
Text2.DataField = "商品名称"
Set Text3.DataSource = Adodc1
Text3.DataField = "型号"
Set Text4.DataSource = Adodc1
Text4.DataField = "单价"
Set Text5.DataSource = Adodc1
Text5.DataField = "库存量"
Set Text6.DataSource = Adodc1
Text6.DataField = "入库日期"
Set Text7.DataSource = Adodc1
Text7.DataField = "备注"

Set Combo2.DataSource = Adodc1      '用组合框显示计量单位的内容列表
Combo2.DataField = "计量单位"
Set Combo3.DataSource = Adodc1      '用组合框显示供应商的内容列表
Combo3.DataField = "供应商"
Set Combo4.DataSource = Adodc1      '用组合框显示商品类别的内容列表
Combo4.DataField = "商品类别"
End Sub
```

2．查询操作

通过 Combo1_Click()和 Command1_Click()结合实现查询操作：

```
Private Sub Combo1_Click()              '使 DataCombo1 列表中显示的是 Combo1 选定字段的值
Adodc1.CommandType = adCmdTable
Adodc1.RecordSource = "库存商品表"
Adodc1.Refresh
Set DataCombo1.DataSource = Adodc1
DataCombo1.DataField = Combo1.Text
Set DataCombo1.RowSource = Adodc1
DataCombo1.ListField = Combo1.Text
DataCombo1.BoundColumn = Combo1.Text
End Sub

Private Sub Command1_Click()
                        '根据 Combo1 中选定的字段和 DataCombo1 中选定的字段值进行查询
Adodc1.CommandType = adCmdText
Adodc1.RecordSource = "Select * from 库存商品表 Where " + Combo1.Text + "='" +
```

```
DataCombo1.Text + "'"
Adodc1.Refresh
Set DataGrid1.DataSource = Adodc1
DataGrid1.Refresh
End Sub
```

3．修改、删除、查询数据库操作

通过设置 Frame3 中各按钮的单击事件实现对库存商品的修改、删除、查询操作和返回及退出系统操作。

```
Private Sub Command2_Click()          '保存记录修改
Adodc1.Recordset.Update
End Sub


Private Sub Command3_Click()          '删除当前记录
Adodc1.Recordset.Delete
End Sub


Private Sub Command4_Click()          '显示"库存商品表"的所有记录
Adodc1.CommandType = adCmdTable
Adodc1.RecordSource = "库存商品表"
Adodc1.Refresh
Set DataGrid1.DataSource = Adodc1
End Sub


Private Sub Command5_Click()          '返回主窗口
Unload Me
MainFrm.Show
End Sub
Private Sub Command6_Click()          '系统退出
End
End Sub
```

4．入库日期的设置

"库存商品表"中有一个"入库日期"字段，需要用到 DTPicker 日期控件，因此打开"部件"对话框后，选中 Microsoft Windows Common Controls-2 6.0 项，即可将该控件 🗖 添加进来。但使用代码方式连接数据源时，日期控件 DTPicker 很难实现通过代码绑定到入库日期字段，因此需要借助于一个文本框，该文本框与"入库日期"字段绑定，浏览记录时，数据表中的日期显示在文本框中，利用文本框的值修改 DTPicker 的日期值；添加或修改数据表中的"入库日期"时，将 DTPicker 的日期值赋给文本框，文本框值再写进数据表。这两步操作需要用到 DTPicker1_CloseUp() 和 Text6_Change() 事件，代码如下：

```
Private Sub DTPicker1_CloseUp()         '将 DTPicker1 的日期值首先转换成字符串
y = CStr(Year(DTPicker1.Value))         '将日期值统一转换为"2013/01/01"文本格式
If Len(CStr(Month(DTPicker1.Value))) = 1 Then
    m = CStr(0) + CStr(Month(DTPicker1.Value))
```

```
Else
    m = CStr(Month(DTPicker1.Value))
End If
If Len(CStr(Day(DTPicker1.Value))) = 1 Then
    d = CStr(0) + CStr(Day(DTPicker1.Value))
Else
    d = CStr(Day(DTPicker1.Value))
End If
Text6.Text = y & "/" & m & "/" & d '将字符串赋值给文本框,即修改入库日期字段值
End Sub

Private Sub Text6_Change()                      '浏览记录时,使 DTPicker1 联动
If Not Adodc1.Recordset.BOF And Not Adodc1.Recordset.EOF Then
    If Adodc1.Recordset.Fields(8) <> "" Then
        DTPicker1.Value = Format(CDate(Text6.Text), "yyyy/mm/dd")
    End If
End If
End Sub
```

13.4.4　用户信息管理模块的设计和实现

用户信息管理模块(如图 13-8 所示,这是只有管理员权限的用户才可以操作的界面)的界面设计和代码实现思路与库存商品管理模块类似,且相对要简单一些,这里不做详细说明。

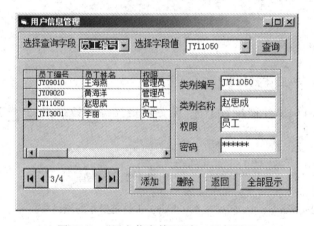

图 13-8　"用户信息管理"窗口运行界面

13.4.5　入库操作的设计和实现

库存商品表中的商品信息均通过入库操作而来,商品入库前必须要填写入库单并保存入库单,而且可以对其进行添加、修改、删除、查询等操作。每一个入库单都有一个状态标识,如果标识为"否",说明其还未入库,需要进行"入库"操作。入库时需要根据"商品编号"判断该商品是否入过库,如果是已入库商品,只需在库存数量上累加即可;否则是一种全新商品入库,将其详细信息写入数据库。入库操作的运行界面如图 13-9 所示,界面

设计和代码实现与"库存商品管理"也类似,不同之处有两点:一是"入库"按钮的入库操作;二是在添加入库单时,输入"商品编号"后系统进行判断如果该"商品编号"在"库存商品表"中已存在,会将其信息调出并显示在相关绑定控件上。

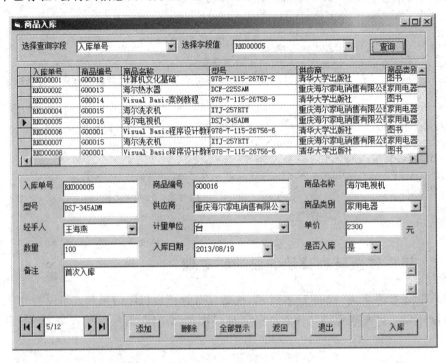

图 13-9　商品入库运行界面

"商品入库"窗体代码如下。

1. 连接数据库和窗体初始化

Form_Activate()事件连接数据库、设置绑定控件的数据源,并做初始化操作,代码如下:

```
Private Sub Form_Activate()
Adodc1.ConnectionString = ConString      'Adodc1 连接数据库
Adodc1.CommandType = adCmdTable
Adodc1.RecordSource = "入库表"           'Adodc1 确定操作的记录集

Set DataGrid1.DataSource = Adodc1

Adodc2.ConnectionString = ConString      'Adodc2 确定数据源为用户表
Adodc2.CommandType = adCmdTable
Adodc2.RecordSource = "用户表"

Set Text1.DataSource = Adodc1            '将文本框与入库表各字段相关联
Text1.DataField = "入库单号"
Set Text2.DataSource = Adodc1
Text2.DataField = "商品编号"
Set Text3.DataSource = Adodc1
```

288

```
Text3.DataField = "商品名称"
Set Text4.DataSource = Adodc1
Text4.DataField = "型号"
Set Text5.DataSource = Adodc1
Text5.DataField = "单价"
Set Text6.DataSource = Adodc1
Text6.DataField = "数量"
Set Text7.DataSource = Adodc1
Text7.DataField = "日期"
Set Text8.DataSource = Adodc1
Text8.DataField = "备注"

Combo1.ListIndex = 0                      'Combo1 默认选中列表中的第一项

Set DataCombo1.DataSource = Adodc1        '根据 Combo1.Text 设置 DataCombo1 显示的字段值
DataCombo1.DataField = Combo1.Text
Set DataCombo1.RowSource = Adodc1
DataCombo1.ListField = Combo1.Text
DataCombo1.BoundColumn = Combo1.Text

Set DataCombo2.DataSource = Adodc1        '设置 DataCombo2,列表显示的是员工姓名
DataCombo2.DataField = "经手人"           '回传的是员工编号
Set DataCombo2.RowSource = Adodc2
DataCombo2.ListField = "员工姓名"
DataCombo2.BoundColumn = "员工编号"

Set Combo2.DataSource = Adodc1            'Combo2 绑定供应商字段
Combo2.DataField = "供应商"
Set Combo3.DataSource = Adodc1            'Combo3 绑定商品类别字段
Combo3.DataField = "商品类别"
Set Combo4.DataSource = Adodc1            'Combo4 绑定计量单位字段
Combo4.DataField = "计量单位"
Set Combo5.DataSource = Adodc1            'Combo5 绑定状态字段
Combo5.DataField = "状态"
End Sub
```

2. 判断某商品是否存在

添加入库单时,自动判断某商品编号的商品是否存在,并调出其信息,代码如下:

```
Private Sub Text2_LostFocus()
Adodc1.Recordset.Update                  '将上一步操作保存,避免出现多步操作错误
Adodc3.ConnectionString = ConString
Adodc3.CommandType = adCmdText
Adodc3.RecordSource = "select * from 库存商品表 where 商品编号 = '" + Text2.Text + "'"
                                         '从库存商品表中筛选 Text2 中商品编号记录
Adodc3.Refresh
If Adodc3.Recordset.RecordCount > 0 Then
                       '如果该编号的记录存在,将相应字段值取出,显示在控件中
    If Adodc3.Recordset.Fields(2) <> "" Then Text3.Text = Adodc3.Recordset.Fields(1)
    If Adodc3.Recordset.Fields(2) <> "" Then Text4.Text = Adodc3.Recordset.Fields(2)
```

```
    If Adodc3.Recordset.Fields(3) <> "" Then Combo2.Text = Adodc3.Recordset.Fields(3)
    If Adodc3.Recordset.Fields(4) <> "" Then Combo3.Text = Adodc3.Recordset.Fields(4)
    If Adodc3.Recordset.Fields(5) <> "" Then Combo4.Text = Adodc3.Recordset.Fields(5)
    If Adodc3.Recordset.Fields(6) <> "" Then Text5.Text = Adodc3.Recordset.Fields(6)
End If
End Sub
```

3. 商品入库

单击"入库"按钮进行入库操作,代码如下:

```
Private Sub Command7_Click()
If Adodc1.Recordset.Fields(11) = "否" Then          '首先判断该入库单商品是否入库
    a = MsgBox("是否要将当前商品入库?", vbYesNo, "确认")
    If a = 6 Then
        Adodc3.ConnectionString = ConString
        Adodc3.CommandType = adCmdText
        Adodc3.RecordSource = "Select * from 库存商品表 Where 商品编号 = '" +
        Text2.Text + "'"                    '查询该商品在库存商品表中是否已存在
        Adodc3.Refresh
        If Adodc3.Recordset.RecordCount > 0 Then           '如果该商品已存在
            MsgBox "已存在该商品,原库存量是" + Str(Adodc3.Recordset.Fields(7)),
            vbOKOnly, "提示"
            Adodc3.Recordset.Fields(7) = Adodc3.Recordset.Fields(7) + Text6.Text
                                                      '增加库存量
            Adodc3.Recordset.Fields(8) = Text7.Text          '记录最后一次入库日期
            Adodc3.Recordset.Fields(9) = Text8.Text          '保存备注内容,以便查阅
        Else                                              '该商品不存在
            Adodc3.Recordset.AddNew
            With Adodc3.Recordset
                .Fields(0) = Text2.Text
                .Fields(1) = Text3.Text
                .Fields(2) = Text4.Text
                .Fields(3) = Combo2.Text
                .Fields(4) = Combo3.Text
                .Fields(5) = Combo4.Text
                .Fields(6) = Text5.Text
                .Fields(7) = Text6.Text
                .Fields(8) = Text7.Text
                .Fields(9) = Text8.Text
            End With
        End If
        Adodc3.Recordset.Update                    '保存记录更改
        MsgBox "该产品已经成功入库!当前库存量是:" + Str(Adodc3.Recordset.Fields(7)),
        vbOKOnly, "恭喜"
    End If
    Adodc1.Recordset.Fields(11) = "是"           '修改入库单的状态
End If
End Sub
```

窗体中还涉及增加、删除、修改、查询操作和入库日期的显示和写入操作事件,请参考

13.4.3 节的相关代码。

13.4.6　出库操作的设计和实现

出库操作需要首先填写出库单,并能编辑并保存出库单。每一个出库单也有一个状态标示,如果为"否",说明该出库单还未出库,可以执行出库操作。出库时,要注意商品库存量和出库量的统一,避免出现数据错误,出库操作界面如图 13-10 所示。

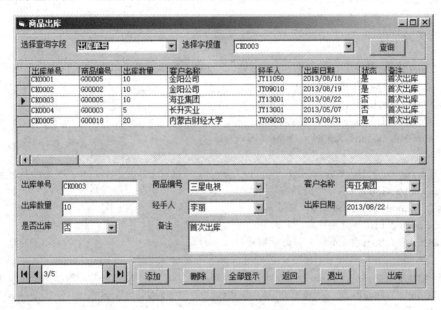

图 13-10　商品出库运行结果

"商品出库"窗体代码如下。

1．连接数据库和窗体初始化

Form_Activate()事件连接数据库、设置绑定控件的数据源,并做初始化操作,代码如下:

```
Private Sub Form_Activate()
Adodc1.ConnectionString = ConString          '为添加、修改、删除出库表设置数据源
Adodc1.CommandType = adCmdTable
Adodc1.RecordSource = "出库表"

Set DataGrid1.DataSource = Adodc1

Adodc2.ConnectionString = ConString       '为 DataCombo2 商品编号的 RowSource 提供数据源
Adodc2.CommandType = adCmdTable
Adodc2.RecordSource = "库存商品表"

Adodc3.ConnectionString = ConString          '为 DataCombo3 经手人的 RowSource 提供数据源
Adodc3.CommandType = adCmdTable
Adodc3.RecordSource = "用户表"
```

```
Set Text1.DataSource = Adodc1                          '设置文本框与出库表各字段的绑定
Text1.DataField = "出库单号"
Set Text2.DataSource = Adodc1
Text2.DataField = "出库数量"
Set Text3.DataSource = Adodc1
Text3.DataField = "出库日期"
Set Text4.DataSource = Adodc1
Text4.DataField = "备注"

Combo1.ListIndex = 0

Set DataCombo1.DataSource = Adodc1                      'DataCombo1 显示 Combo1.Text 中选中字段的值
DataCombo1.DataField = Combo1.Text
Set DataCombo1.RowSource = Adodc1
DataCombo1.ListField = Combo1.Text
DataCombo1.BoundColumn = Combo1.Text

Set DataCombo2.DataSource = Adodc1                      '设置 DataCombo2,列表显示的是商品名称
DataCombo2.DataField = "商品编号"                        '回传的是商品编号
Set DataCombo2.RowSource = Adodc2
DataCombo2.ListField = "商品名称"
DataCombo2.BoundColumn = "商品编号"

Set DataCombo3.DataSource = Adodc1                      '设置 DataCombo3,列表显示的是员工姓名
DataCombo3.DataField = "经手人"                          '回传的是员工编号
Set DataCombo3.RowSource = Adodc3
DataCombo3.ListField = "员工姓名"
DataCombo3.BoundColumn = "员工编号"

Set Combo2.DataSource = Adodc1                          '将 Combo2 绑定客户名称字段
Combo2.DataField = "客户名称"
Set Combo3.DataSource = Adodc1                          '将 Combo3 绑定状态字段
Combo3.DataField = "状态"
End Sub
```

2. 出库操作

单击"出库"按钮进行出库操作,代码如下:

```
Private Sub Command7_Click()
If Adodc1.Recordset.Fields(6) = "否" Then              '首先判断该出库单商品是否出库
    a = MsgBox("是否要将当前商品出库?", vbYesNo, "确认")
    If a = 6 Then                                      '商品出库
        Adodc5.ConnectionString = ConString
        Adodc5.CommandType = adCmdText
        Adodc5.RecordSource = "Select * from 库存商品表 Where 商品编号 = '" +
        DataCombo2.BoundText + "'"                     '从库存商品表中查找该商品
        Adodc5.Refresh
```

数据库应用系统开发

```
        If Adodc5.Recordset.RecordCount > 0 Then              '找到该编号的商品
            If Adodc5.Recordset.Fields(7) - Adodc1.Recordset.Fields(2) < 0 Then
                                                              '判断库存量是否充足
                MsgBox "当前库存量是:" + Str(Adodc5.Recordset.Fields(7)) + ",库存量不
                足,出库失败!", vbOKOnly, "警告"
            Else
                Adodc5.Recordset.Fields(7) = Adodc5.Recordset.Fields(7) - Adodc1.Recordset
                .Fields(2)                                    '出库
                Adodc5.Recordset.Update           '保存修改
                MsgBox "本次出库完成,剩余库存量为: " + Str(Adodc5.Recordset.Fields(7))
                + Adodc5.Recordset.Fields(5), vbOKOnly, "提示"
                If Adodc5.Recordset.Fields(7) = 0 Then        '若库存量为0,报警!
                    MsgBox "库存量为0,请尽快联系进货!", vbOKOnly, "警告"
                End If
                Adodc1.Recordset.Fields(6) = "是"              '修改出库单状态
            End If
        End If
    End If
End If
End Sub
```

窗体中还涉及增加、删除、修改、查询操作和入库日期的显示和写入操作事件,请参考
13.4.3节的相关代码。

13.4.7 库存商品报表的设计和实现

要产生数据报表,需要用到数据环境设计器和报表设计器,因此在系统中添加了数据
环境设计器 DataEnvironment1 并做如图 13-11 所示的设置。数据环境设计器的数据源
采用界面操作的方式设置,这是本系统运行时,要求界面操作设置好数据源的地方,否则
会出错,读者需要注意。

图 13-11 数据环境设计器的设计结果

添加了 DataEnvironment1 后,初始并没有 Command 命令。右击 Connection1 在弹出的快捷菜单中选择"属性"命令,弹出与 Adodc 控件一样的"数据连接属性"对话框,选择数据提供程序、数据库服务器和默认连接的数据库。然后再右击 Connection1 在弹出的快捷菜单中选择"添加命令"选项,添加 Command1 命令,右击 Command1,在弹出的快捷菜单中选择"属性"命令,做如图 13-12 所示的设置。在这里要产生的是指定时间段的库存商品报表,因此 Command1 的 SQL 语句使用了参数。

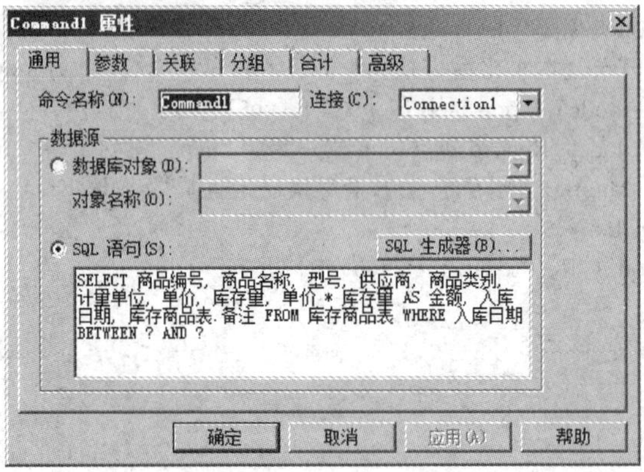

图 13-12 Command1 属性设置

Command1 完整的 SQL 语句为:

SELECT 商品编号,商品名称,型号,供应商,商品类别,计量单位,单价,库存量,单价 * 库存量 AS 金额,入库日期,库存商品表.备注 FROM 库存商品表 WHERE 入库日期 BETWEEN ? AND ?

语句中的两个"?"代表了 SQL 语句的两个参数,参数值需要在报表打开以前传入。将该命令执行后便得到了如图 13-11 所示的 Command1 命令结果。在系统中添加数据报表设计器,设置该报表的 DataSource 属性为 DataEnvironment1,DataMember 属性为 Command1,并做如图 13-13 所示的界面设计。

图 13-13 库存商品报表设计器界面

在主界面中单击"库存商品分段报表"菜单项或工具栏中的"商品分段报表"按钮后，弹出两个输入框分别输入起始日期和结束日期，如图 13-14 和图 13-15 所示。报表运行后如图 13-16 所示。

图 13-14　起始日期输入框　　　　　　　图 13-15　结束日期输入框

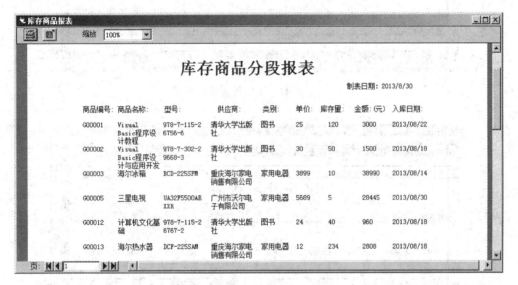

图 13-16　库存商品分段报表

单击左上角的 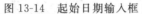 按钮，可以将报表打印。

13.4.8　入库和出库报表的设计和实现

本系统中也产生了入库和出库分段报表，在数据环境设计器中添加命令 Command2（入库）和 Command3（出库），命令属性设置的 SQL 语句分别为：

SELECT 入库单号,商品编号,商品名称,型号,供应商,商品类别,计量单位,单价,数量,单价 * 数量 AS 金额,员工姓名 AS 经手人,日期,状态,入库表.备注 FROM 入库表,用户表 WHERE 入库表.经手人＝用户表.员工编号 AND 日期 BETWEEN ? AND ?

SELECT 出库单号,出库表.商品编号,商品名称,型号,计量单位,单价,出库数量,单价 * 出库数量 AS 金额,客户名称,员工姓名 AS 经手人,出库日期,状态,出库表.备注 FROM 出库表,库存商品表,用户表 WHERE 出库表.商品编号＝库存商品表.商品编号 AND 出库表.经手人＝用户表.员工编号 AND 出库日期 BETWEEN ? AND ?

入库报表和出库报表的设计界面如图 13-17 和图 13-18 所示。

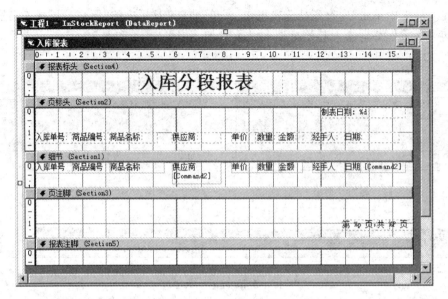

图 13-17　入库报表设计

图 13-18　出库报表设计

13.5　本章课外实验

13.5.1　商品进销存管理系统的设计和开发

在"商品库存管理系统"的基础上继续开发"商品进销存管理系统",除了具有基本的库存管理功能外,还要求能够实现商品的进货和销售及数据统计分析功能。

13.5.2 企业人事管理系统的设计和开发

企业人事管理系统要求具有人事管理、调动管理、合同管理、工资管理、培训管理、绩效考核、奖惩管理等功能,并具有报表和打印、数据维护功能。

参 考 文 献

[1] 常桂英. Visual Basic 与 SQL Server 2005 数据库应用系统开发. 北京：清华大学出版社,2012.
[2] 郑阿奇. SQL Server 教程. 北京：清华大学出版社,2005.

图 书 资 源 支 持

感谢您一直以来对清华版图书的支持和爱护。为了配合本书的使用,本书提供配套的素材,有需求的用户请到清华大学出版社主页(http://www.tup.com.cn)上查询和下载,也可以拨打电话或发送电子邮件咨询。

如果您在使用本书的过程中遇到了什么问题,或者有相关图书出版计划,也请您发邮件告诉我们,以便我们更好地为您服务。

我们的联系方式:

地　　址:北京海淀区双清路学研大厦 A 座 707

邮　　编:100084

电　　话:010－62770175－4604

资源下载:http://www.tup.com.cn

电子邮件:weijj@tup.tsinghua.edu.cn

QQ:883604(请写明您的单位和姓名)

扫一扫
资源下载、样书申请
新书推荐、技术交流

用微信扫一扫右边的二维码,即可关注清华大学出版社公众号"书圈"。